工业机器人
仿真与离线编程
（第2版）

总主编　谭立新

主　编　潘建新　刘国云

副主编　吴彦霖　熊桑武　彭梁栋
　　　　罗清鹏　陈继斌

北京理工大学出版社
BEIJING INSTITUTE OF TECHNOLOGY PRESS

内 容 简 介

本书主要以 ABB 与 KUKA 机器人为例，介绍了 ABB RobotStudio 与 KUKA Sim Pro 软件的仿真与离线编程功能。主要内容包括：ABB RobotStudio 软件的介绍及基本操作、ABB RobotStudio 软件的在线编程功能、ABB RobotStudio 软件的建模功能、ABB RobotStudio 软件离线轨迹编程、ABB RobotStudio 软件 Smart 组件的应用、ABB RobotStudio 软件带导轨和变位机的机器人系统创建与应用、ABB RobotStudio 软件 ScreenMaker 示教器用户自定义界面、KUKA Sim Pro 软件的介绍及基本操作、KUKA OfficeLite 虚拟示教器软件基本操作、KUKA Sim Pro 软件搬运码垛流水线的应用、KUKA Sim Pro 软件带导轨和变位机的机器人系统创建与应用。

书中内容简明扼要、图文并茂、通俗易懂，并配合有湖南科瑞迪教育发展公司提供的 MOOC 平台在线教学视频（www.moocdo.com），适合作为高等职业院校的教材，同时也适合工业机器人的操作者阅读参考。

版权专有 侵权必究

图书在版编目（CIP）数据

工业机器人仿真与离线编程 / 潘建新，刘国云主编

. -- 2 版. -- 北京：北京理工大学出版社，2021.9

ISBN 978 - 7 - 5763 - 0438 - 1

Ⅰ. ①工… Ⅱ. ①潘… ②刘… Ⅲ. ①工业机器人 –
仿真设计 – 高等职业教育 – 教材②工业机器人 – 程序设计
– 高等职业教育 – 教材 Ⅳ. ①TP242.2

中国版本图书馆 CIP 数据核字（2021）第 200097 号

出版发行 / 北京理工大学出版社有限责任公司

社　　址 / 北京市海淀区中关村南大街 5 号

邮　　编 / 100081

电　　话 / （010）68914775（总编室）

　　　　　（010）82562903（教材售后服务热线）

　　　　　（010）68944723（其他图书服务热线）

网　　址 / http：//www.bitpress.com.cn

经　　销 / 全国各地新华书店

印　　刷 / 三河市天利华印刷装订有限公司

开　　本 / 787 毫米 × 1092 毫米　1/16

印　　张 / 22.25　　　　　　　　　　　　责任编辑 / 陈莉华

字　　数 / 510 千字　　　　　　　　　　　　文案编辑 / 陈莉华

版　　次 / 2021 年 9 月第 2 版　2021 年 9 月第 1 次印刷　　责任校对 / 刘亚男

定　　价 / 87.00 元　　　　　　　　　　　　责任印制 / 施胜娟

总 序

2017 年 3 月，北京理工大学出版社首次出版了工业机器人技术系列教材，该系列教材是全国工业和信息化职业教育教学指导委员会研究课题《系统论视野下的工业机器人技术专业标准与课程体系开发》的核心成果，其针对工业机器人本身特点、产业发展与应用需求，以及高职高专工业机器人技术专业的教材在产业链定位不准、没有形成独立体系、与实践联系不紧密、教材体例不符合工程项目的实际特点等问题，提出运用系统论基本观点和控制论的基本方法，在系统全面调研分析工业机器人全产业链基础上，提出了工业机器人产业链、人才链、教育链及创新链"四链"融合的新理论，引导高职高专工业机器人技术建设专业标准及开发教材体系，在教材定位、体系构建、材料组织、教材体例、工程项目运用等方面形成了自己的特色与创新，并在信息技术应用与教学资源开发上做了一定的探索。主要体现在：

一是面向工业机器人系统集成商的教材体系定位。主体面向工业机器人系统集成商，主要面向工业机器人集成应用设计、工业机器人操作与编程、工业机器人集成系统装调与维护、工业机器人及集成系统销售与客服五类岗位，兼顾智能制造自动化生产线设计开发、装配调试、管理与维护等。

二是工业应用系统集成核心技术的教材体系构建。以工业机器人系统集成商的工作实践为主线构建，以工业机器人系统集成的工作流程（工序）为主线构建专业核心课程与教材体系，以学习专业核心课程所必需的知识和技能为依据构建专业支撑课程；以学生职业生涯发展为依据构建公共文化课程的教材体系。

三是基于"项目导向、任务驱动"的教学材料组织。以项目导向、任务驱动进行教学材料组织，整套教材体系是一个大的项目——工业机器人系统集成，每本教材是一个二级项目（大项目的一个核心环节），而每本教材中的项目又是二级项目中一个子项（三级项目），三级项目由一系列有逻辑关系的任务组成。

四是基于工程项目过程与结果需求的教材编写体例。以"项目描述、学习目标、知识准备、任务实现、考核评价、拓展提高"六个环节为全新的教材编写体例，全面系统体现工业机器人应用系统集成工程项目的过程与结果需求及学习规律。

该教材体系系统解决了现行工业机器人教材理论与实践脱节的问题，该教材体系以实践为主线展开，按照项目、产品或工作过程展开，打破或不拘泥于知识体系，将各科知识融入项目或产品制作过程中，实现了"知行合一""教学做合一"，让学生学会运用已知的知识和已经掌握的技能，去学习未知的专业知识和掌握未知的专业技能，解决未知的生产实际问题，符合教学规律、学生专业成长成才规律和企业生产实践规律，实现了人类认识自然的本原方式的回归。经过四年多的应用，目前全国使用该教材体系的学校已超过140所，用量超过十万多册，以高职院校为主体，包括应用本科、技师学院、技工院校、中职学校及企业岗前培训等机构，其中《工业机器人操作与编程（KUKA）》获"十三五"职业教育国家规划教材和湖南省职业院校优秀教材等荣誉。

随着工业机器人自身理论与技术的不断发展、其应用领域的不断拓展及细分领域的深化、智能制造对工业机器人技术要求的不断提高，工业机器人也在不断向环境智能化、控制精细化、应用协同化、操作友好化提升。随着"00"后日益成为工业机器人技术的学习使用与设计开发主体，对个性化的需求提出了更高的要求。因此，在保持原有优势与特色的基础上，如何与时俱进，对该教材体系进行修订完善与系统优化成为第2版的核心工作。本次修订完善与系统优化主要从以下四个方面进行：

一是基于工业机器人应用三个标准对接的内容优化。实现了工业机器人技术专业建设标准、产业行业生产标准及技能鉴定标准（含工业机器人技术"1+X"的技能标准）三个标准的对接，对工业机器人专业课程体系进行完善与升级，从而完成对工业机器人技术专业课程配套教材体系与教材及其教学资源的完善、升级、优化等；增设了《工业机器人电气控制与应用》教材，将原体系下《工业机器人典型应用》重新优化为《工业机器人系统集成》，突出应用性与针对性及与标准名称的一致性。

二是基于新兴应用与细分领域的项目优化。针对工业机器人应用系统集成在近五年工业机器人技术新兴应用领域与细分领域的新理论、新技术、新项目、新应用、新要求、新工艺等对原有项目进行了系统性、针对性的优化，对新的应用领域的工艺与技术进行了全面的完善，特别是在工业机器人应用智能化方面进一步针对应用领域加强了人工智能、工业互联网技术、实时监控与过程控制技术等智能技术内容的引入。

三是基于马克思主义哲学观与方法论的育人强化。新时代人才培养对教材及其体系建设提出了新要求，工业机器人技术专业的职业院校教材体系要全面突出"为党育人、为国育才"的总要求，强化课程思政元素的挖掘与应用，在第2版教材修订过程中充分体现与融合运用马克思主义基本观点与方法论及"专注、专心、专一、精益求精"的工匠精神。

四是基于因材施教与个性化学习的信息智能技术融合。针对新兴应用技术及细分领域及传统工业机器人持续应用领域，充分研究高职学生整体特点，在配套课程教学资源开发方面进行了优化与定制化开发，针对性开发了项目实操案例式MOOC等配套教学资源，教学案例丰富，可拓展性强，并可针对学生实践与学习的个性化情况，实现智能化推送学习建议。

因工业机器人是典型的光、机、电、软件等高度一体化产品，其制造与应用技术涉及机械设计与制造、电子技术、传感器技术、视觉技术、计算机技术、控制技术、通信技术、人工智能、工业互联网技术等诸多领域，其应用领域不断拓展与深化，技术不断发展与进步，本教材体系在修订完善与优化过程中肯定存在一些不足，特别是通用性与专用性的平衡、典型性与普遍性的取舍、先进性与传统性的综合、未来与当下、理论与实践等各方面的思考与运用不一定是全面的、系统的。希望各位同仁在应用过程中随时提出批评与指导意见，以便在第3版修订中进一步完善。

谭立新

2021年8月11日于湘江之滨听雨轩

前 言

机器人编程是为了让机器人自动执行某项操作任务而人工为其编写的动作顺序程序。根据机器人控制器类型以及芯片复杂程度的不同，通常可采用多种方式为其编程。通常的机器人编程方式有以下两种。

第一种是手动示教编程，即操作人员通过示教器，手动控制机器人的关节运动，以使机器人运动到预定的位置，同时将该位置进行记录，并传递到机器人控制器中，之后的机器人可根据指令自动重复该任务，操作人员也可以选择不同的坐标系对机器人进行示教。

各家机器人的示教器可谓五花八门，操作也不一样。

（1）示教在线编程过程烦琐、效率低。

（2）精度完全是靠示教者的目测决定，而且对于复杂的路径示教在线编程难以取得令人满意的效果。

（3）示教器种类太多，学习量太大。

（4）示教过程容易发生事故，轻则撞坏设备，重则撞伤人。

（5）对实际的机器人进行示教时要占用机器人。

第二种机器人编程方式即离线编程。离线编程是当前较为流行的一种编程方式，所谓示教编程，因为示教器与机器人要通过线缆连接，而且必须在工作现场编程，所以又可以称为在线编程或现场编程。离线编程，顾名思义，就是不用在环境嘈杂的现场，而是通过软件，在计算机里重建整个工作场景的三维虚拟环境，软件可以根据要加工零件的大小、形状、材料，同时配合软件操作者的一些操作，自动生成机器人的运动轨迹，即控制指令。离线编程克服了在线示教编程的很多缺点，充分利用了计算机的功能，减少了编写机器人程序所需要的时间成本，同时也降低了在线示教编程的难度。

离线编程软件有RobotArt、RobotMaster、RobotWorks、RobotStudio等，这些都是在离线编程行业中首屈一指的软件。该类软件的最大特点是可以根据虚拟场景中的零件形状，自动生成加工轨迹，并且可以控制大部分主流机器人，对国内机器人也是支持的。软件根据几何数模的拓扑信息生成机器人运动轨迹，之后轨迹仿真、路径优化、后置代码一气呵成，同时集碰撞检测、场景渲染、动画输出于一体，可快速生成效果逼真的模拟动画。该类软件广泛应用于打磨、去毛刺、焊接、激光切割、数控加工等领域。

机器人离线编程系统正朝着智能化、专用化的方向发展，用户操作越来越简单方便，并且能够快速生成控制程序。在某些具体的应用领域可以实现参数化，极大地简化了用户的操作。同时机器人离线编程技术对机器人的推广应用及其工作效率的提升有着重要的意义，离线编程可以大幅节约制造时间，实现机器人的实时仿真，为机器人的编程和调试提供灵活的工作环境，所以说离线编程是机器人发展的一个大的方向。

本书主要以 ABB 和 KUKA 机器人为例，介绍 ABB RobotStudio 与 KUKA Sim Pro 软件的仿真与离线编程功能。前 7 个项目主讲 ABB 工业机器人，后 4 个项目主讲 KUKA 工业机器人。

书中内容简明扼要、图文并茂、通俗易懂，并配合有湖南科瑞迪教育发展公司提供的 MOOC 平台在线教学视频（www. moocdo. com），适合作为各普通高校与职业院校的教材，同时也适合工业机器人的操作者阅读参考。

本书由潘建新、刘国云担任主编，吴彦霖、熊桑武、彭梁栋、罗清鹏、陈继斌担任副主编。谭立新教授作为整套工业机器人系列丛书的总主编，对整套图书的大纲进行了多次审定、修改，使其在符合实际工作需要的同时，便于教师授课使用。

感谢为本书中实践操作及视频录制提供大力支持的湖南科瑞特科技股份有限公司。尽管编者主观上想努力使读者满意，但书中肯定还会有不足之处，欢迎读者提出宝贵建议。

编　者

目录

项目 1

ABB RobotStudio 软件的介绍及基本操作

1.1 项 目 描 述

本项目讲述 ABB RobotStudio 软件的安装、ABB RobotStudio 软件的基本使用、机器人工件坐标系等知识点。

1.2 教 学 目 的

通过本项目的学习可以掌握 ABB RobotStudio 安装、ABB RobotStudio 的功能以及如何使用 ABB RobotStudio 创建一个工作站及在工作站使用机器人，为后面项目的学习打下坚实的基础。

1.3 知 识 准 备

1.3.1 工业机器人仿真应用技术介绍

机器人仿真系统作为机器人研究和开发中安全可靠、灵活方便的工具，发挥着越来越重要的作用。在仿真环境下，通过对机器人运动进行研究及编程验证，可以实现机器人轨迹规划、奇异位姿、逆运动学有效解、避障算法甚至多机器协调作业等复杂功能。

1.3.2 ABB RobotStudio 软件的基本功能介绍

（1）在线作业。使用 RobotStudio 与真实的机器人进行连接通信，对机器人进行便捷的监控、程序修改、参数设定、文件传送及备份恢复等操作，使调试与维护工作更轻松。

（2）模拟仿真。根据设计，在 RobotStudio 中进行机器人工作站的动作模拟仿真和周期节拍计数，为工程的实施提供真实的验证。

（3）CAD 导入。RobotStudio 可以轻易地以各种主要的 CAD 格式导入模型，包括 IGES、STEP、VRML、ACIS 和 CATIA。通过使用此类非常精确的 3D 模型，机器人程序设计人员可以生成更为精确的机器人程序，从而提高产品质量。

（4）自动生成路径。通过使用待加工部件的 3D 模型，可在短短几秒内生成跟踪曲线所需的机器人位置。

（5）自动分析伸展能力。此快捷功能可让操作者灵活移动机器人或工件，直至所有位置机器人均可达到。

（6）碰撞检测。在 RobotStudio 中，可以对机器人在运动过程中是否可能与周围设备发生碰撞进行验证和确认，以确保机器人离线编程得出的程序的可用性。

（7）应用功能包。针对不同的应用推出功能强大的工艺包，将机器人更好地与工艺应用进行有效的融合。

1.3.3　ABB RobotStudio 软件界面介绍

（1）"文件"功能选项卡，包含创建新工作站、创造新机器人系统、连接到控制器、将工作站另存为查看器的选项和 RobotStudio 选项，如图 1-1 所示。

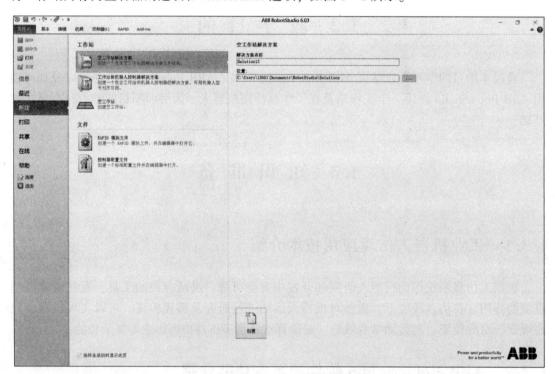

图 1-1　RobotStudio 主界面

（2）"基本"功能选项卡，包含搭建工作站、创建系统、编程路径和摆放物体所需的控件，如图 1-2 所示。

（3）"建模"功能选项卡，包含创建和分组工作站组件、创建实体、测量以及其他 CAD 操作所需的控件，如图 1-3 所示。

图 1 - 2　"基本"功能选项卡

图 1 - 3　"建模"功能选项卡

（4）"仿真"功能选项卡，包含配置、控制、监控和记录仿真所需的控件，如图 1 - 4 所示。

图 1 - 4　"仿真"功能选项卡

（5）"控制器"功能选项卡，包含用于虚拟控制器（VC）的同步、配置、监视功能，还包含用于管理真实控制器的控制功能，如图 1 - 5 所示。

图 1 - 5　"控制器"功能选项卡

（6）"RAPID"功能选项卡，包括 RAPID 编辑器的功能、RAPID 文件的管理以及用于 RAPID 编程的其他控件，如图 1 - 6 所示。

图 1 - 6　"RAPID"功能选项卡

（7）"Add - Ins"功能选项卡，包含 RobotApps、安装文件包和迁移 RobotWare 的相关控件，如图 1 - 7 所示。

图 1 - 7　"Add - Ins"功能选项卡

1.3.4　工件坐标介绍

工件是拥有特定附加属性的坐标系，它主要用于简化编程（因置换特定任务和工件进程等而需要编辑程序时)。工件坐标系必须定义于两个框架,即用户框架(与大地基座相关)和工件框架(与用户框架相关)。创建工件可用于简化对工件表面的微动控制。可以创建若干不同的工件,这样就必须选择一个用于微动控制的工件,如图1-8所示。

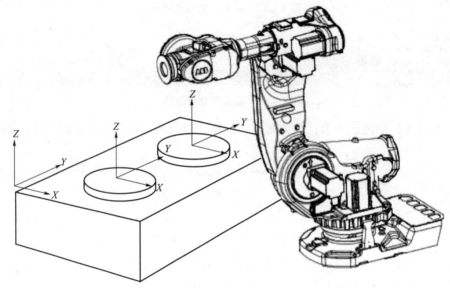

图1-8 工件坐标

用户坐标系框架,如图1-9所示。

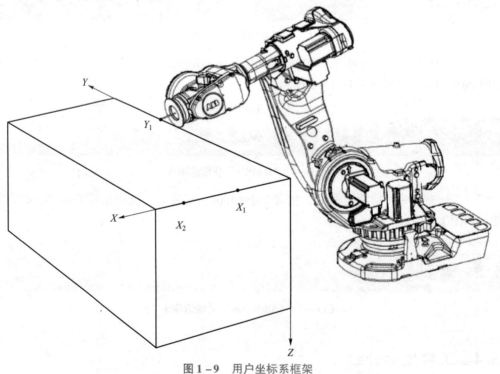

图1-9 用户坐标系框架

工件坐标系框架,如图1-10所示。

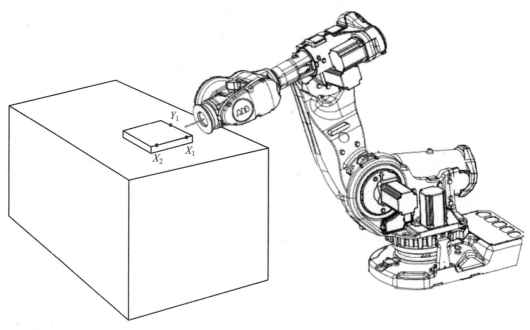

图 1 – 10　工件坐标系框架

RobotStudio 创建工件对话框参数如表 1 – 1 所列。

表 1 – 1　RobotStudio 创建工件对话框参数

名称	描　　述
机器人握住工件	选择机器人是否握住工件。如果选择 True，机器人将握住工件。工具可以是固定工具，也可以被其他机器人握住
被机械单元移动	选择移动工件的机械单元。只有在编程被设为 False 时，此选项才可用
编程	如果工件坐标用作固定坐标系，请选择 True；如果用作移动坐标系（即外轴），则选择 False
位置 X、Y、Z	单击这些框之一，然后在图形窗口中单击相应的点，并将点的值传送至位置框内
旋转 r_x、r_y、r_z	指定工件坐标的旋转
取点创建框架	指定工件坐标的位置
存储类型	选择 PERS 或 TASK PERS。如果打算在 Multimove 模式下使用工作对象，请选择存储类型 TASK PERS
模块	选择要声明工件坐标的模块

用三点法创建框架对话框参数，如表 1 – 2 所列。

表 1 − 2　三点法创建框架对话框参数

名称	描　　述
X 轴上的第一点	单击这些框之一，然后在图形窗口中单击相应的点位置，将值传送至 X 轴上的第一个点框
X 轴上的第二点	单击这些框之一，然后在图形窗口中单击相应的点位置，将值传送至 X 轴上的第二个点框
Y 轴上的点	单击这些框之一，然后在图形窗口中单击相应的点位置，将值传送至 Y 轴上的点框

1.3.5　利用 ABB RobotStudio 软件进行目标点示教

要示教目标点，应执行以下操作步骤。

（1）在布局浏览器中，选择示教目标点要使用的工件坐标和工具数据。

（2）以微动方式让机器人运动至首选位置（要使机器人线性微动，必须运行其 VC）。

（3）单击示教目标点。

（4）经前三步后一个新的目标点将创建并显示在浏览器上。在图形窗口中，一个坐标系将创建在 TCP 位置上。机器人在该目标点上的配置将被保存。

1.4　任 务 实 现

在电脑上安装
RobotStudio 软件

任务 1　在计算机上安装 RobotStudio 软件

解压 RobotStudio_6.03 压缩包，如图 1 − 11 所示。

| 🔶 RobotStudio_6.03 | 2016/4/11 14:22 | WinZip 文件 | 2,034,859 KB |

图 1 − 11　RobotStudio_6.03 压缩包

解压完成后，打开文件夹，双击 setup 文件即可对该软件进行安装，如图 1 − 12 所示。

| 🔧 setup | 2016/3/29 13:21 | 应用程序 | 1,580 KB |

图 1 − 12　双击 setup 文件

为了确保 RobotStudio 安装后能够运行，应注意以下事项。

（1）计算机的系统配置建议，如表 1 − 3 所列。

表 1 − 3　计算机的系统配置

硬件	要求
CPU	酷睿 i3 或以上
内存	2GB 或以上

续表

硬件	要求
硬盘	空闲 20GB 以上
显卡	独立显卡
操作系统	Windows 7 或以上

（2）建议关闭计算机系统的防火墙或对防火墙进行必要的设置，因为计算机系统中的防火墙打开可能造成 RobotStudio 无法连接虚拟控制器。

（3）如安装的 RobotStudio 版本不一致，会导致案例无法使用，需要在软件的"RobotApps"内下载 RobotWare6.03，如图 1-13 所示。

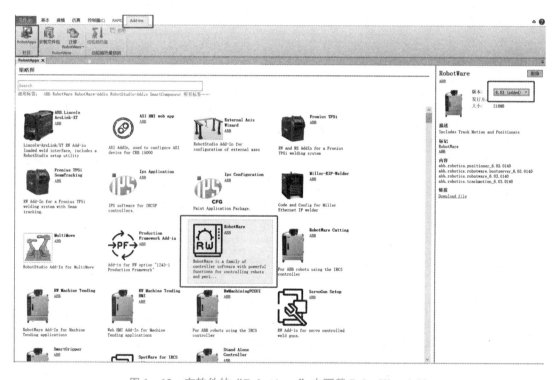

图 1-13　在软件的"RobotApps"内下载 RobotWare6.03

任务 2　搭建一个简单的工业机器人工作站

搭建一个简单的工业机器人工作站

1. 导入机器人本体

导入机器人操作如图 1-14~图 1-16 所示。

2. 给机器人安装工具

给机器人安装工具的操作步骤，如图 1-17~图 1-21 所示。

3. 导入一个物件

导入一个物件操作，如图 1-22~图 1-26 所示。

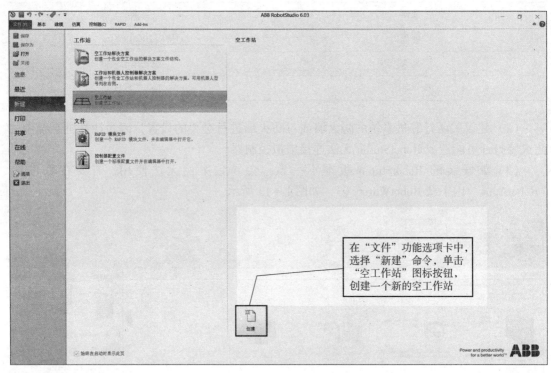

图1-14　新建空工作站

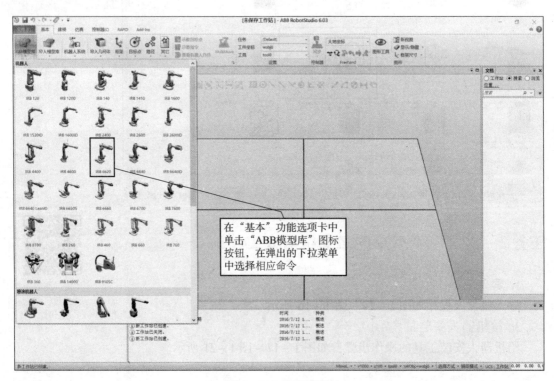

图1-15　选择模型

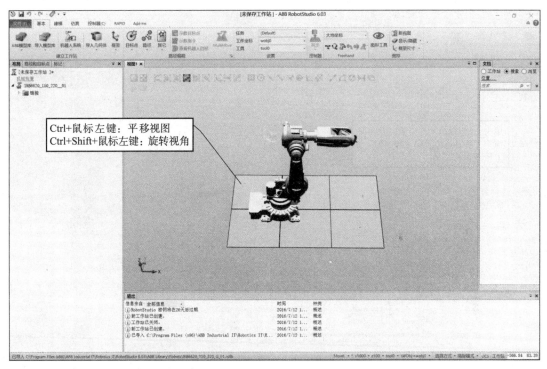

图 1-16　切换视角

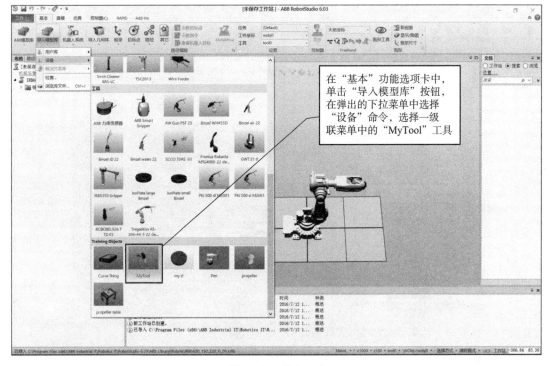

图 1-17　导入工具

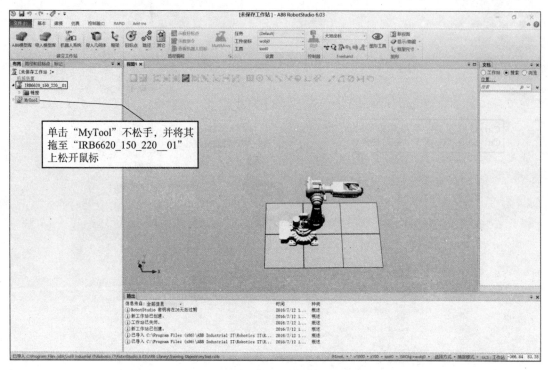

图1-18 安装工具

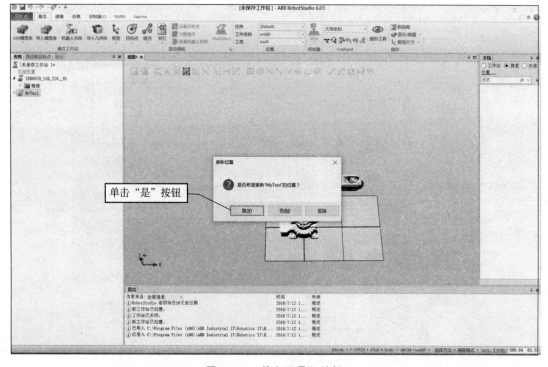

图1-19 单击"是"按钮

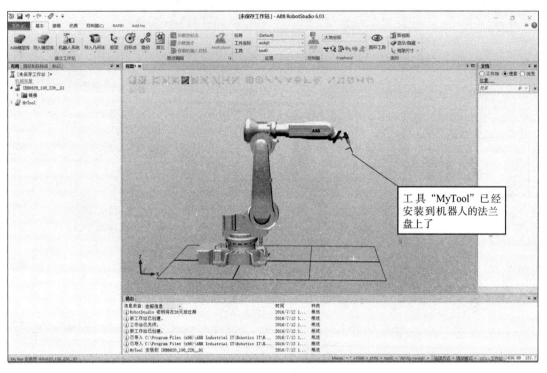

图1-20 工具安装完成

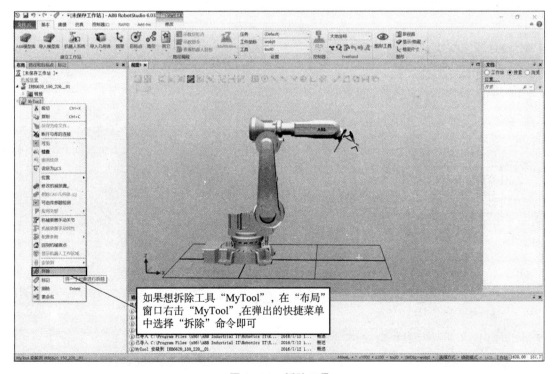

图1-21 拆除工具

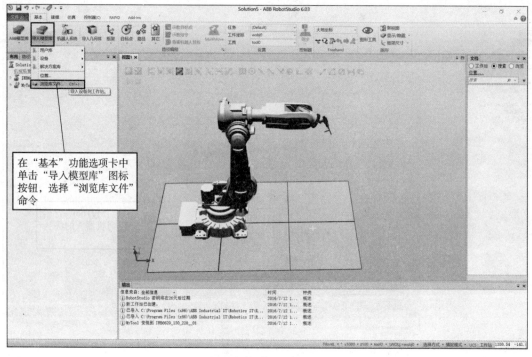

图 1-22　选择"浏览库文件"命令

　　本任务中的"WoodenBox"模型已在工作站中保存为库文件，如果模型为第一次导入，则需要单击"导入几何体"图标按钮导入。

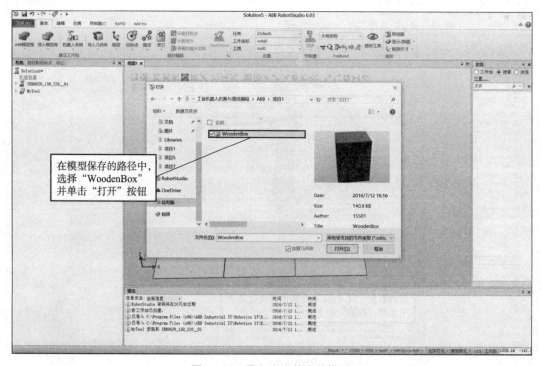

图 1-23　导入库文件中的模型

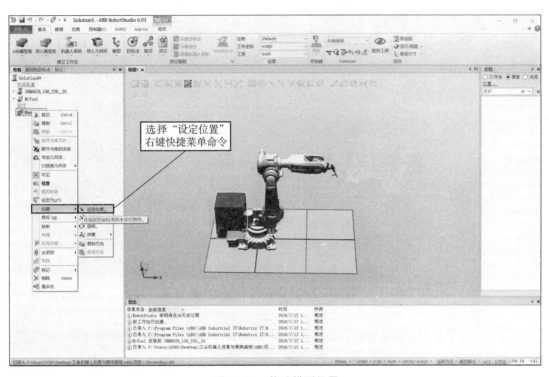

图 1-24　修改模型位置

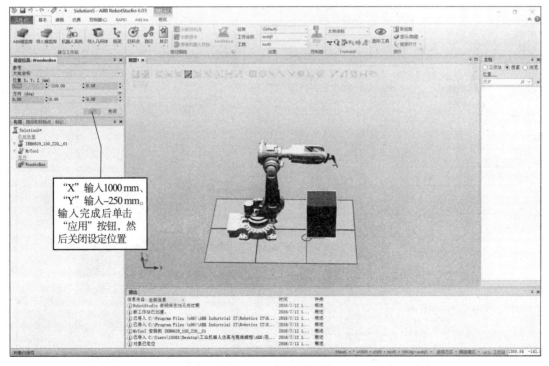

图 1-25　输入位置值

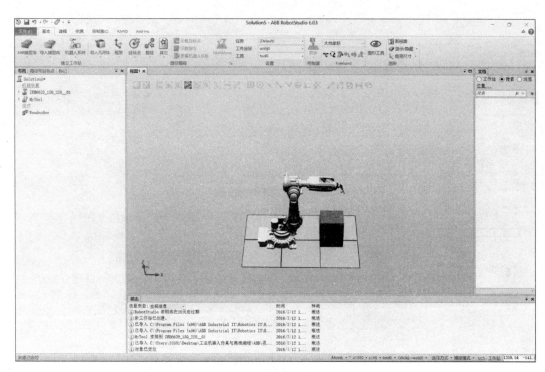

图1-26 布局成功

4. 创建工作站机器人系统

创建工作站机器人系统操作，如图1-27~图1-31所示。

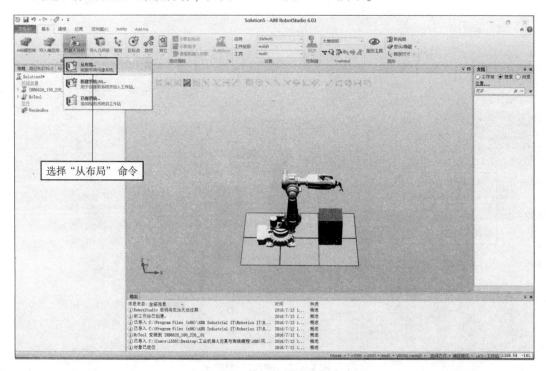

图1-27 选择"从布局"命令

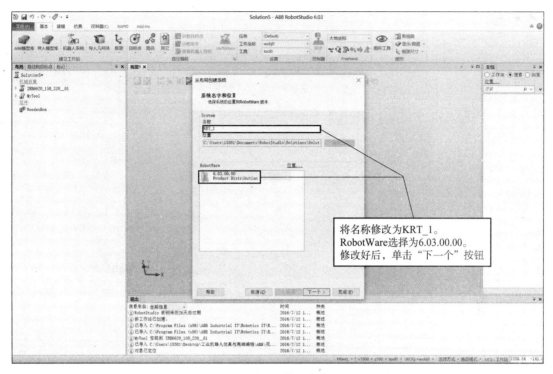

图 1-28 输入名称

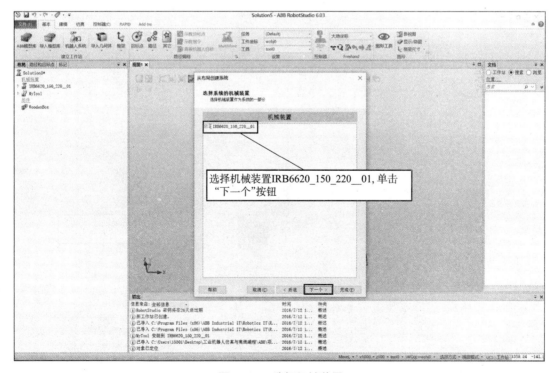

图 1-29 选择机械装置

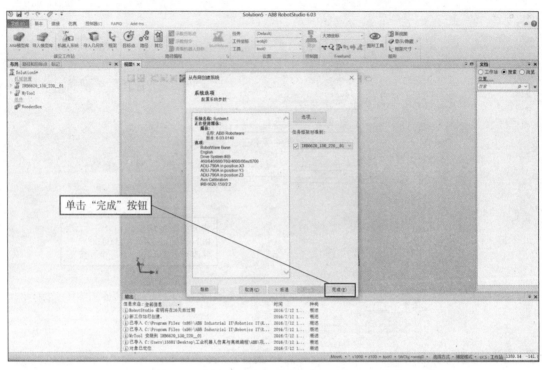

图 1-30　单击"完成"按钮

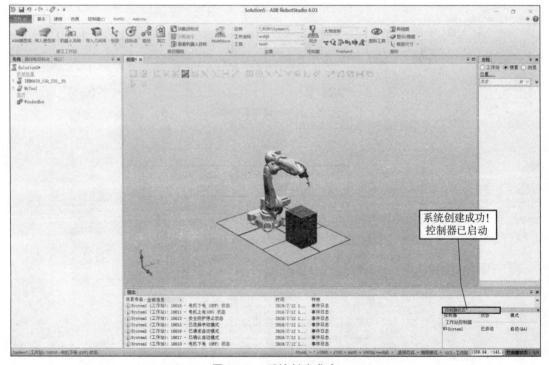

图 1-31　系统创建成功

5. 工作站布局

当系统创建完成后，如果发现工作站的布局不合理，可通过下列操作对工作站重新布局，如图 1 – 32 ~ 图 1 – 36 所示。

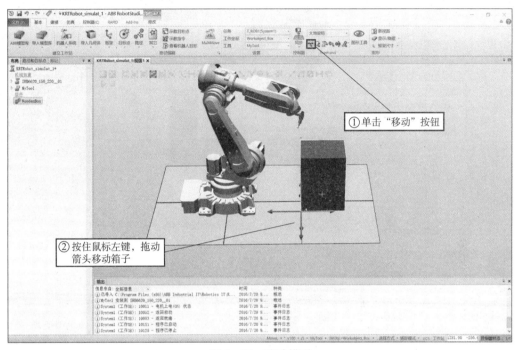

图 1 – 32   移动模型

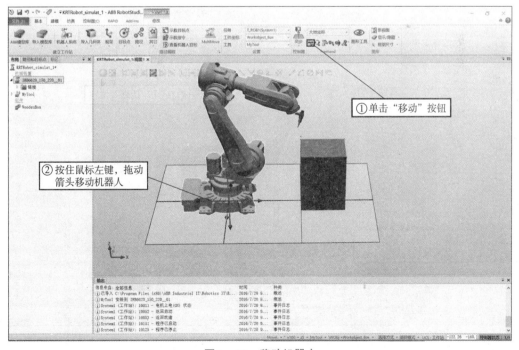

图 1 – 33   移动机器人

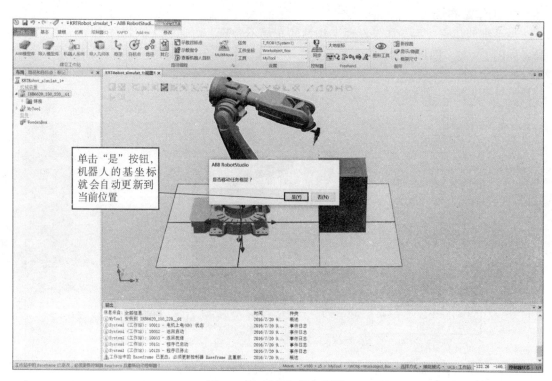

单击"是"按钮，机器人的基坐标就会自动更新到当前位置

图 1 – 34　更新机器人位置

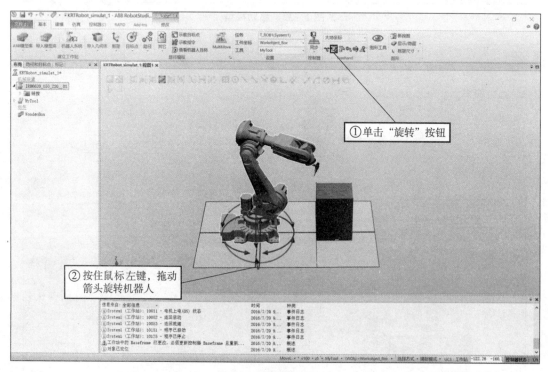

① 单击"旋转"按钮

② 按住鼠标左键，拖动箭头旋转机器人

图 1 – 35　旋转机器人

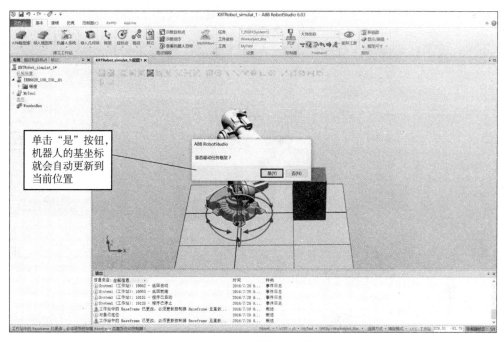

单击"是"按钮，机器人的基坐标就会自动更新到当前位置

图 1-36　更新基坐标位置

6. 机器人手动移动

工业机器人手动移动操作如图 1-37 ~ 图 1-43 所示。

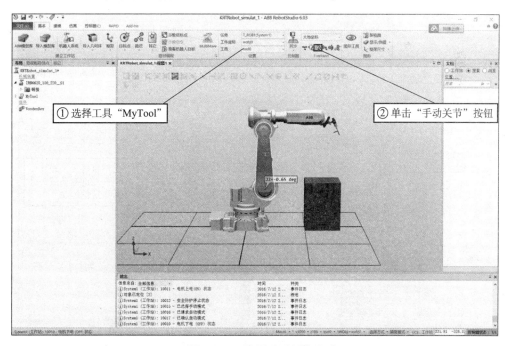

① 选择工具"MyTool"

② 单击"手动关节"按钮

图 1-37　选择手动关节移动

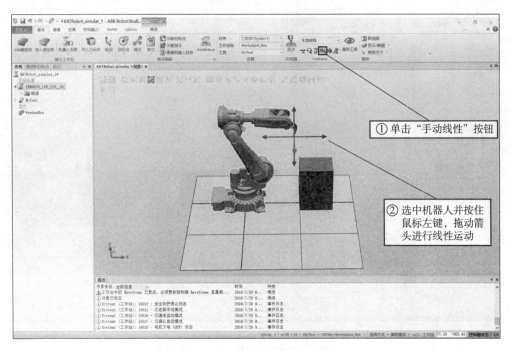

① 单击"手动线性"按钮

② 选中机器人并按住鼠标左键，拖动箭头进行线性运动

图 1-38 选择手动线性运动

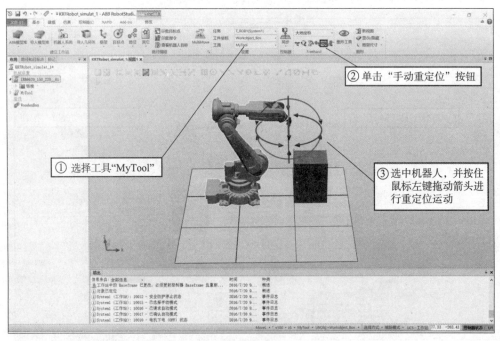

② 单击"手动重定位"按钮

① 选择工具"MyTool"

③ 选中机器人，并按住鼠标左键拖动箭头进行重定位运动

图 1-39 选择手动重定位运动

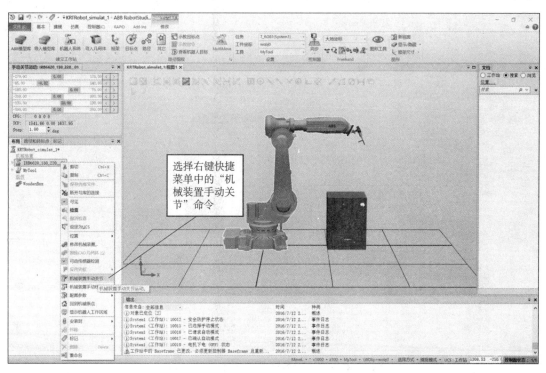

图 1 – 40　选择"机械装置手动关节"命令

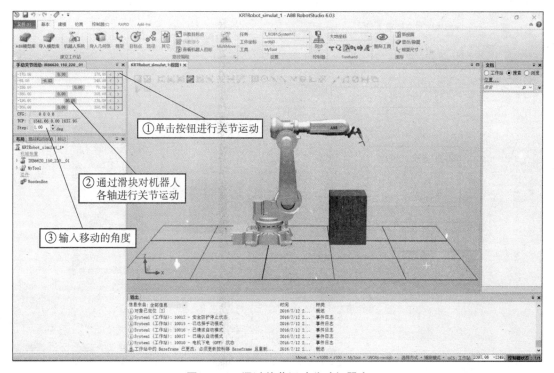

图 1 –41　通过关节运动移动机器人

图1-42 选择"机械装置手动线性"命令

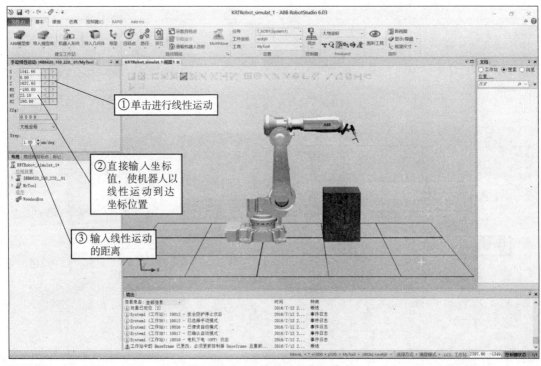

图1-43 线性运动移动机器人

任务3　在工作站中创建工件坐标

仿真中创建工件坐标与现实中创建工件坐标是一样的，都是需要对工件对象建立原点（X 轴上的第一个点）、X 的延长点（X 轴上的第二个点）、Y 的延长点（Y 轴上的点），来生成工件坐标。图 1-44～图 1-49 是创建工件坐标操作。

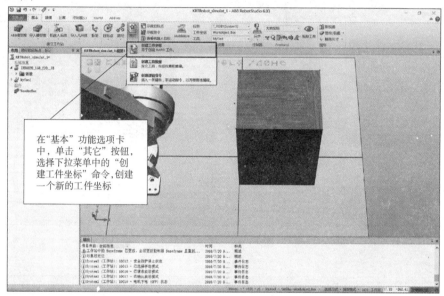

图 1-44　选择"创建工件坐标"命令

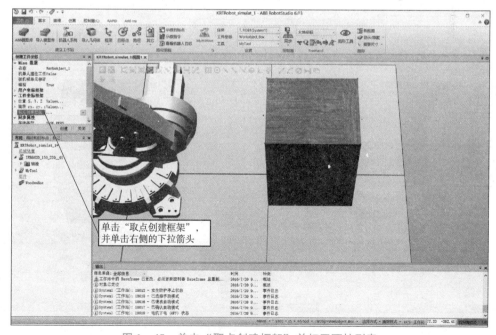

图 1-45　单击"取点创建框架"并打开下拉列表

23

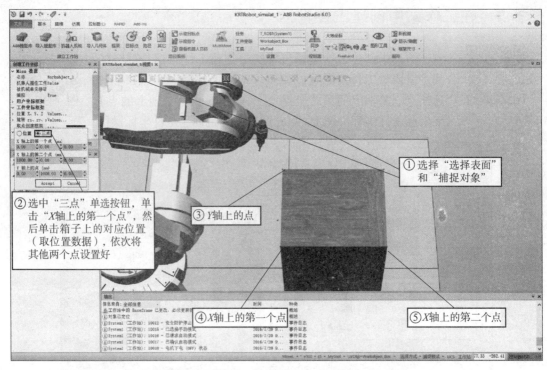

图 1－46　捕捉点位

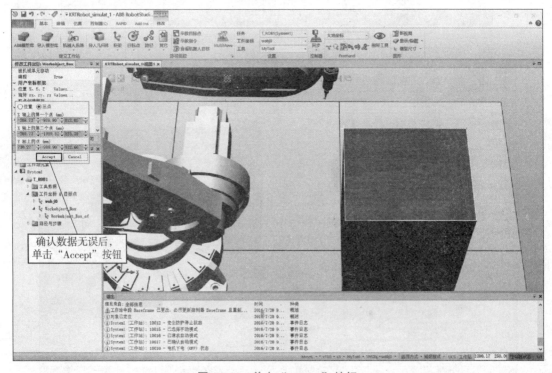

图 1－47　单击"Accept"按钮

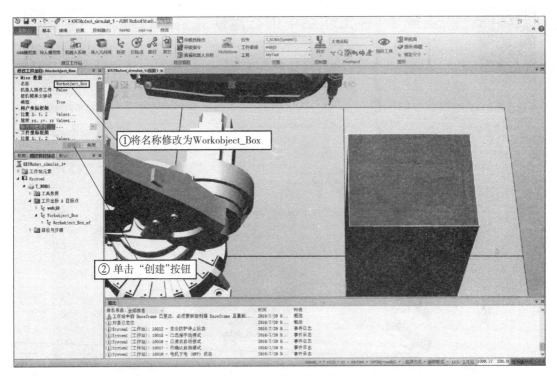

图 1–48　修改名称并进行创建

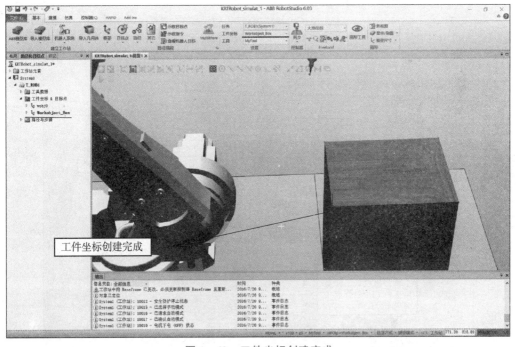

图 1–49　工件坐标创建完成

这里没有创建用户坐标框架，因为用户坐标与基坐标是一致的。

在工作站中
进行运动轨迹
示教编程（1）

在工作站中
进行运动轨迹
示教编程（2）

任务4　在工作站中进行运动轨迹示教编程

　　机器人在木箱的表面进行轨迹运动，由图1-50可得知完成整个动作机器人需要5个点位置。下面进行机器人运动轨迹示教编程的操作。

图1-50　运动轨迹

1. 取示教5个点

具体操作如图1-51~图1-55所示。

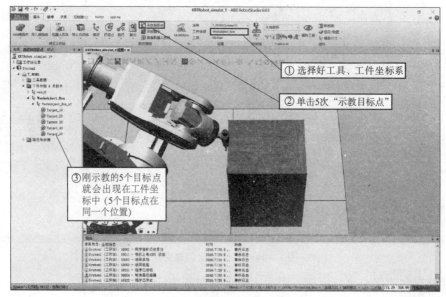

① 选择好工具、工件坐标系

② 单击5次"示教目标点"

③ 刚示教的5个目标点就会出现在工件坐标中（5个目标点在同一个位置）

图1-51　生成示教点位

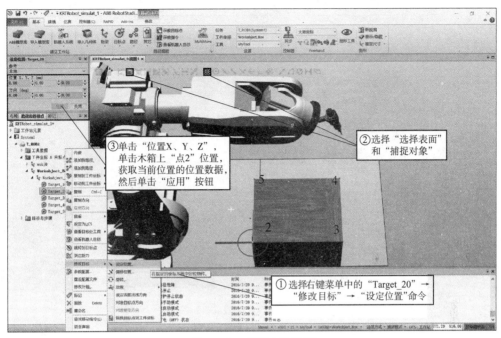

图 1 – 52　修改点位数据

　　将点 2 的位置数据更新好后，再在点 3、点 4、点 5 处分别更新好位置数据，然后就需要更新点 1 的位置数据了。

　　首先将点 1 数据设定到点 2 位置。因为点 1 设计的轨迹是垂直于点 2 的，所以点 1 位置数据 = 点 2 位置数据的 $Z + 300$，如图 1 – 53 所示。

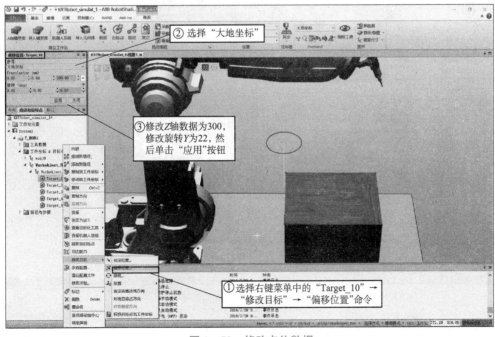

图 1 – 53　修改点位数据

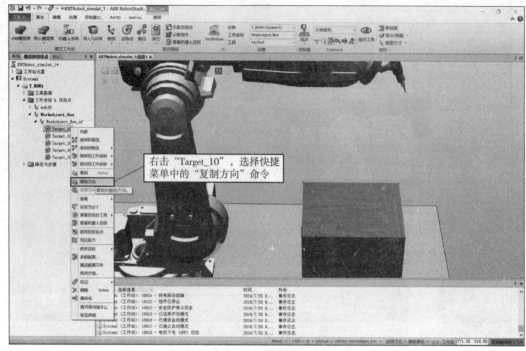

图 1-54　选择"复制方向"命令

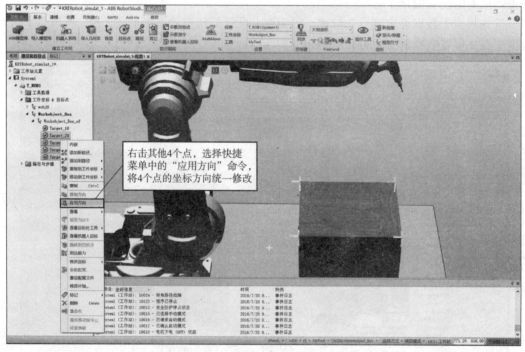

图 1-55　选择"应用方向"命令

2. 利用已设置的 5 个点生成一条路径

具体操作如图 1-56 和图 1-57 所示。

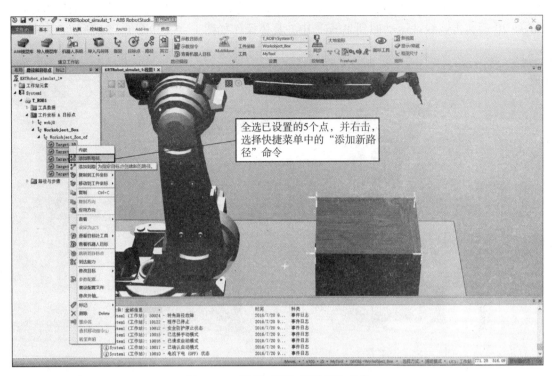

图 1 – 56   选择 "添加新路径" 命令

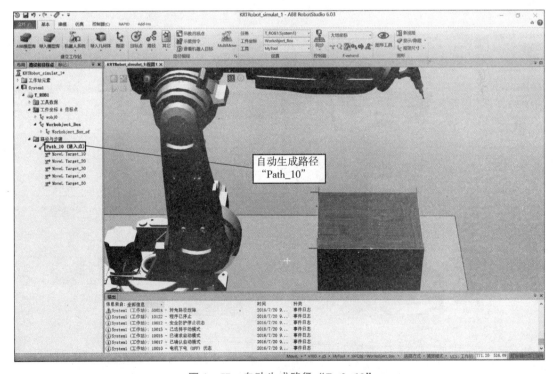

图 1 – 57   自动生成路径 "Path_10"

自动生成的路径 Path_10 不是一条完整的路径，还需要从 Target_50 以线性运动回到 Target_20 后，再以线性运动回到 Target_10，具体操作如图 1 - 58 和图 1 - 59 所示。

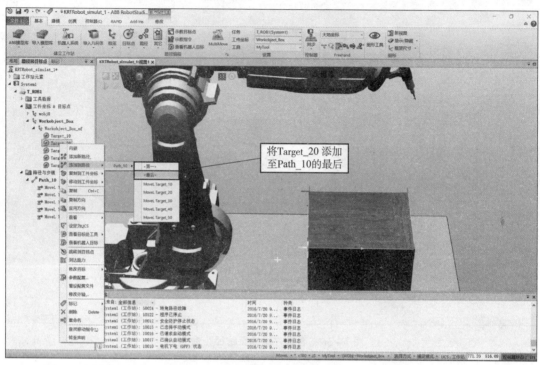

图 1 - 58　添加点位至路径中（一）

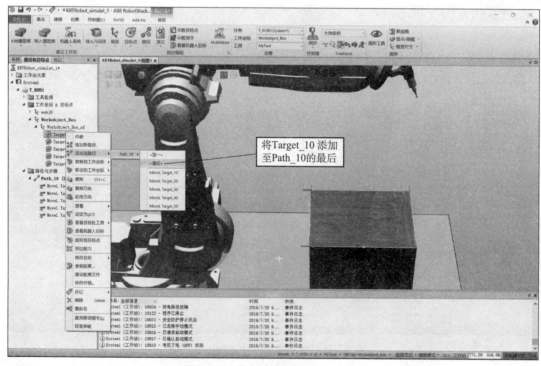

图 1 - 59　添加点位至路径中（二）

　　添加完成后，路径 Path_10 就是一条完整的路径了。但是机器人到达目标点过程中，可能会出现很多关节轴不能到达的情况，这样就需要自动生成目标的调整轴配置参数，具体操作如图1-60和图1-61所示。

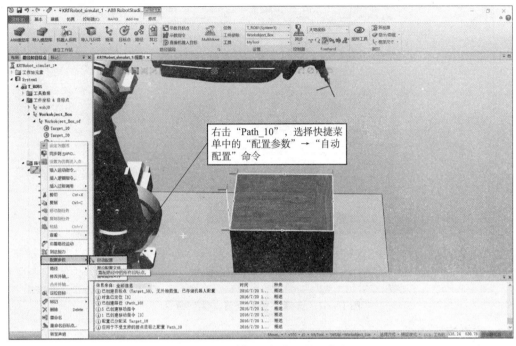

图 1-60　选择"自动配置"命令

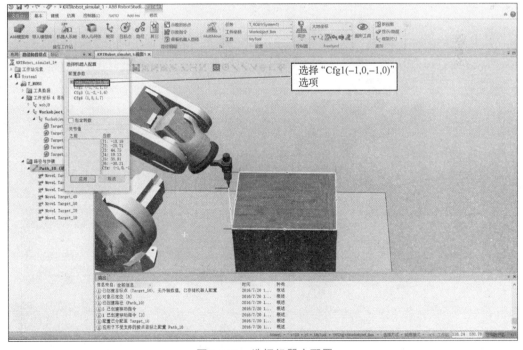

图 1-61　选择机器人配置

单击"应用"按钮后,机器人会自动沿着路径轨迹做一次,如果当前目标点的轴配置错,则机器人停止,这时就需要重新配置文件后再自动进行轴配置,如图1-62所示。

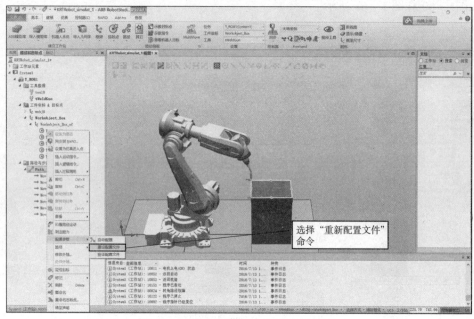

图1-62 选择"重新配置文件"命令

3. 仿真运行

当机器人能沿着轨迹运动时,就需要将Path_10同步到RAPID中,如图1-63～图1-67所示。

图1-63 选择"同步到RAPID"命令

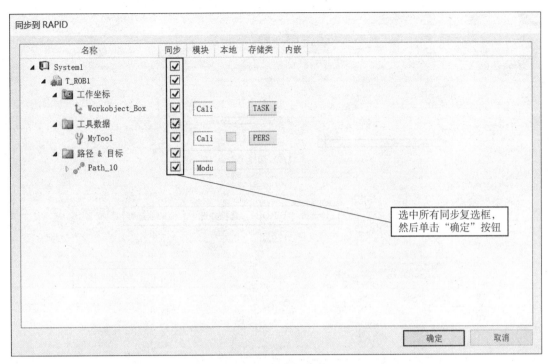

图 1-64 选择内容

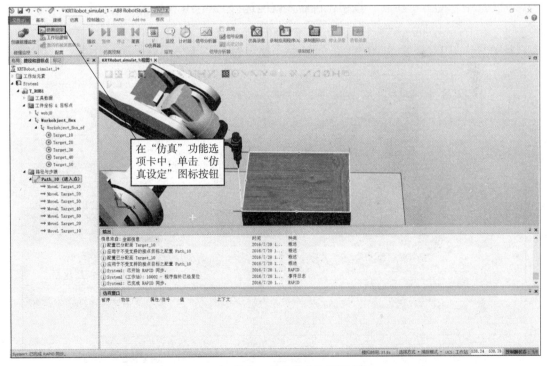

图 1-65 单击"仿真设定"图标按钮

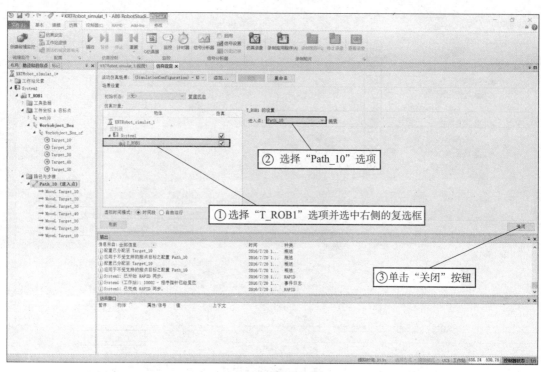

图1-66　设置仿真设定参数

在仿真中，单击"播放"按钮，机器人就能运行 Path_10 程序了。

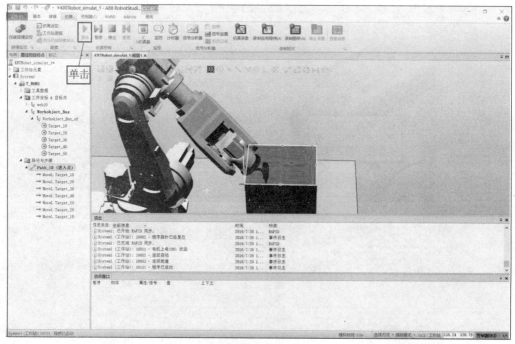

图1-67　单击"播放"按钮

任务 5　使用 ABB RobotStudio 软件录制和制作独立播放 exe 文件

可以将工作站中机器人的运行录制成视频，以便在没有安装 RobotStuido 的计算机中查看机器人的运行，还可以将工作站制作成 exe 可执行文件。

1. 将工作站中的机器人运行录制成视频

具体操作如图 1-68 ~ 图 1-70 所示。

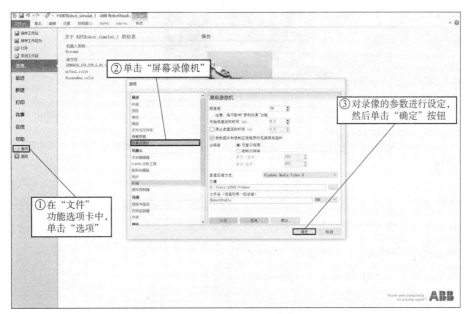

图 1-68　设置录像参数

图 1-69　仿真录像

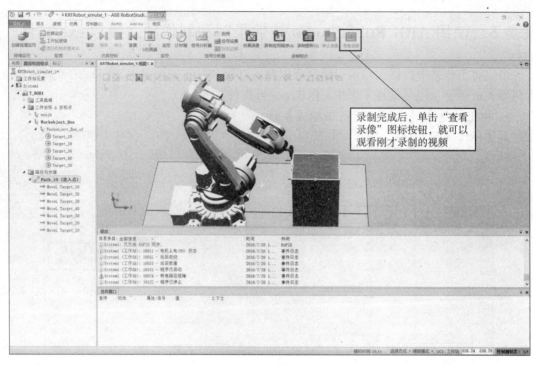

图 1-70 查看录像

2. 将工作站制作成可执行文件 (exe)

具体操作如图 1-71 和图 1-72 所示。

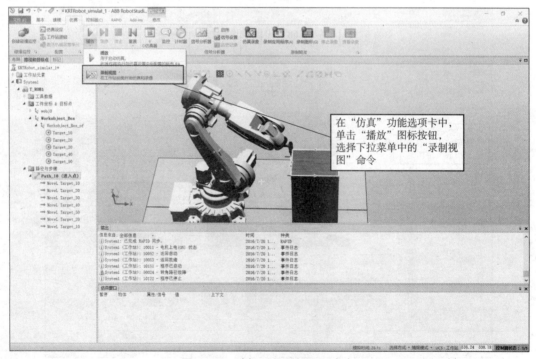

图 1-71 选择"录制视图"命令

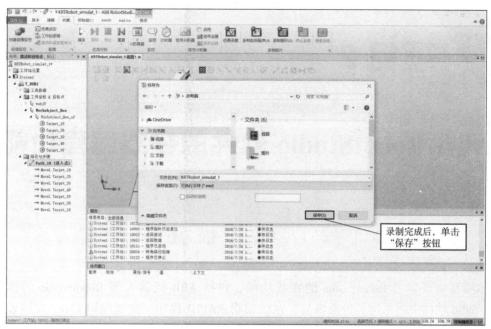

图 1-72　保存录像

1.5　考核评价

考核任务 1　安装 RobotStudio 软件

要求：能够快速、准确无误地安装 RobotStudio 软件。

考核任务 2　熟练掌握 RobotStudio 软件的基本操作方式

要求：了解 RobotStudio 软件的基本功能，熟练地掌握 RobotStudio 各界面功能的基本操作。

考核任务 3　熟练掌握创建工业机器人工件坐标与轨迹程序

要求：了解什么是工业机器人的工件坐标的概念，并能熟练地创建一个工件坐标。掌握 RobotStudio 的轨迹示教编程的步骤，并能随意地示教出任何一条路径。

考核任务 4　能够完成简单的仿真运行机器人及录制视频

要求：能够操作工作站仿真运行，并掌握录制视频和制作 exe 文件的方法。

项目 2

ABB RobotStudio 软件的在线编程功能

2.1 项目描述

本项目主要学习 RobotStudio 的在线功能，包括 ABB 机器人与 RobotStudio 的连接、RobotStudio 软件中的系统备份及恢复、在线编辑 RAPID 程序、在线编辑 I/O、在线监视机器人、设定用户操作系统等知识点。

2.2 学习目的

通过本项目的学习可以掌握 RobotStudio 软件的在线功能，通过 RobotStudio 软件可对机器人参数进行设定，并可以通过 RobotStudio 软件高效地在线修改 RAPID 程序。

2.3 知识准备

2.3.1 ABB RobotStudio 软件在线基本功能介绍

单击"添加控制器"按钮，可通过 RobotStudio 对机器人进行监控、设置、编程与管理，如图 2 - 1 所示。

图 2 - 1 单击"添加控制器"按钮

单击"备份"按钮，可对机器人当前系统进行备份与恢复，如图 2 - 2 所示。

图 2 - 2 单击"备份"按钮

单击"请求写权限"按钮，可获取对机器人编辑程序、修改配置或使用其他方式修改控制器上数据的权限，如图2-3所示。

图2-3 单击"请求写权限"按钮

单击"配置编辑器"按钮，可以查看或编辑控制器特定主题的系统参数，如图2-4所示。

图2-4 单击"配置编辑器"按钮

单击"文件传送"按钮，可以使用文件传送窗口在计算机和控制器之间传输文件和文件夹，如图2-5所示。

图2-5 单击"文件传送"按钮

单击"在线监视器"按钮，远程监视与真实控制器连接的机器人，如图2-6所示。

图2-6 单击"在线监视器"按钮

单击"用户管理"按钮，可修改用户权限、更换用户，如图2-7所示。

图2-7 单击"用户管理"按钮

2.3.2 RobotStudio 软件与机器人的连接方式介绍

（1）通常将 PC 以物理方式连接到控制器有两种方法，即连接到服务端口或连接到工厂网络端口。

①服务端口。服务端口用于维修工程师以及程序员直接使用 PC 连接到控制器。

服务端口配置了一个固定 IP 地址，此地址在所有的控制器上都是相同的，且不可修改。另外，应该有一个 DHCP 服务器自动分配 IP 地址给连接的 PC。

②工厂网络端口。工厂网络端口用于将控制器连接到网络。

网络设置可以使用任何 IP 地址配置,这通常是由网络管理员提供的。

(2) 当连接到控制器服务端口时,可以选择自动获取 IP 地址或指定固定 IP 地址。

①自动获取 IP 地址。控制器服务端口的 DHCP 服务器会自动分配 IP 地址给 PC。

②固定 IP 地址。除自动获取 IP 地址外,也可以选择为连接至控制器的 PC 指定固定的 IP 地址。

为固定 IP 地址使用表 2-1 中的设置。

表 2-1　IP 地址

属性	值
IP 地址	192.168.125.2
子网掩码	255.255.255.0

(3) 连接步骤。

①确保 PC 正确连接到控制器的服务端口,且控制器正在运行。

②在 "File"(文件)菜单中,选择 "Online"(在线)→ "One Click Connect"(单击连接)命令。

③出现 "控制器" 选项卡。

④添加控制器。

⑤单击请求写权限。在不同模式下请求写作权,如表 2-2 所列。

表 2-2　控制器模式

控制器模式	权限
自动	若当前可用,即时得到写权限
手动	通过 FlexPendant 上的一个消息框,可以授予 RobotStudio 以远程写访问权限

2.3.3　用户授权系统介绍

1. 概述

控制器用户授权系统(UAS)规定了不同用户对机器人的操作权限。该系统能避免控制器功能和数据的未授权使用。

用户授权由控制器管理,这意味着无论运行哪个系统,控制器都可保留 UAS 设置。这也意味着 UAS 设置可应用于所有与控制器通信的工具,如 RobotStudio 或 FlexPendant。UAS 设置定义可访问控制器的用户和组以及他们授予访问的动作。

2. 用户

UAS 用户是人员登录控制器所使用的账户。此外,可将这些用户添加到授权他们访问的组中。每个用户都有用户名和密码。要登录控制器,每个用户需要输入已定义的用户名和正确的密码。在用户授权系统中,用户可以是激活或锁定状态。若用户账号被锁定，则用户不能使用该账号登录控制器。UAS 管理员可以设置用户状态为激活或锁定。

默认用户：所有控制器都有一个默认的用户名（Default User）和一个公开的密码（Robotics）。Default User 无法删除且该密码无法更改，但拥有管理 UAS 设置权限的用户可修改控制器授权和 Default User 的应用程序授权。

3. 用户组

在用户授权系统中，根据不同的用户权限可以定义一系列登录控制器用户组。可以根据用户组的权限定义，向用户组中添加新的用户。比较好的做法是根据使用不同工作人员对机器人的不同操作情况进行分组，如可以创建管理员用户组、程序员用户组和操作员用户组。

默认用户组：所有的控制器都会定义默认用户组，该组用户拥有所有的权限。该用户组不可以被移除，但拥有管理用户授权系统的用户可以对默认用户组进行修改。

注意：修改默认的用户组人员会带来风险。如果错误地清空了默认用户复选框或任何默认组权限，系统将会显示提示警告信息。请确保至少一位用户被定义为拥有管理用户授权系统设置权限。如果默认用户组或其他任何用户组都没有该权限，将不能管理和控制用户和用户组。

4. 权限

权限是对用户可执行的操作和可获得数据的许可。可以定义拥有不同权限的用户组，然后向相应的用户组内添加用户账号。权限可以是控制器权限或应用程序权限。根据要执行的操作，可能需要多个权限。

控制器权限：控制器权限对机器人控制器有效，并适用于所有访问控制器的工具和设备。

应用程序权限：针对某个特殊应用程序（如 FlexPendant）可以定义应用程序权限，仅在使用该应用程序时有效。应用程序权限可以使用插件添加，也可以针对用户定义的应用程序进行定义。

2.3.4　养成习惯性使用机器人系统备份的意义

完成一个机器人系统后，将其系统进行备份。当机器人系统出现错乱或者安装新系统以后，可以通过备份系统快速地把机器人恢复到备份时的状态，这样就可以减少重复操作的时间。

使用 RobotStudio
软件与机器人进行
连接并获取权限操作

2.4　任务实现

任务 1　使用 RobotStudio 软件与机器人进行连接并获取权限操作

1. 建立 RobotStudio 软件连接机器人

首先将 RobotStudio 与机器人连接，网线一端连计算机的网口，另一端与机器人控制柜的专用网线端口进行连接。连接成功后，RobotStudio 可以对机器人进行监控、设置、编程和管理。

计算机与机器人控制连接硬件，如图 2 - 8 和图 2 - 9 所示。

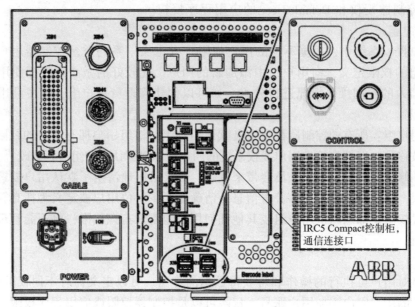

图 2 - 8　IRC5 Compact 控制柜

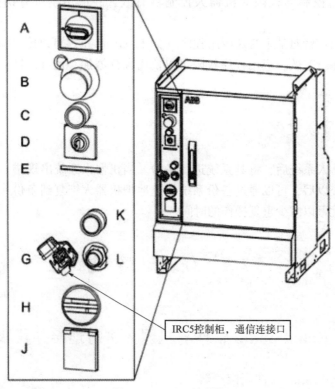

图 2 - 9　IRC5 控制柜

计算机设置成自动获取 IP 即可。

当机器人与 RobotStudio 连接时，就可以通过一键连接的方法连接，如图 2 – 10 所示。

连接虚拟控制和连接真实的机器人系统，其 RobotStudio 的功能是一样的。下面演示启动虚拟控制器的操作，如图 2 – 11 ~ 图 2 – 14 所示。

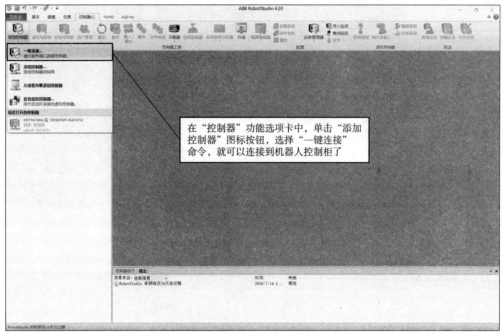

图 2 – 10　选择"一键连接"命令

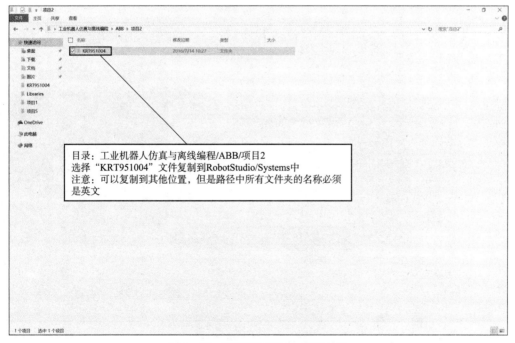

图 2 – 11　"KRT951004"文件地址

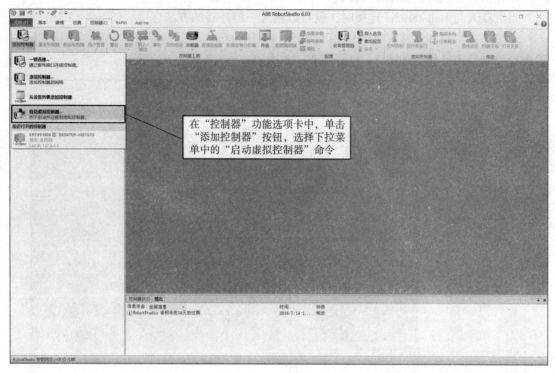

图 2-12　选择"启动虚拟控制器"命令

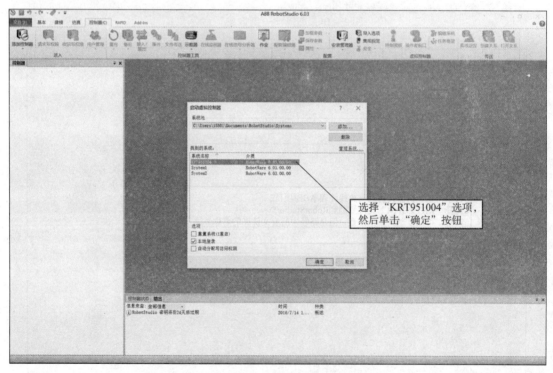

图 2-13　选择"KRT951004"选项

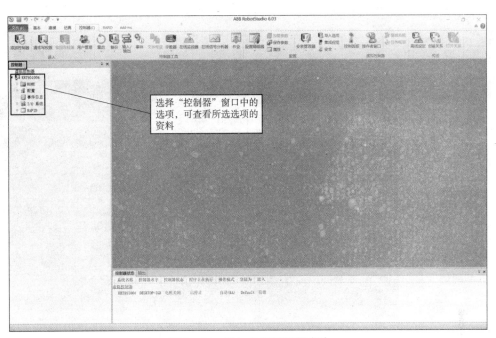

图 2-14　添加虚拟控制器成功

2. RobotStudio 获取写权限

RobotStudio 获取写权限分为两种情况，即机器人控制柜处于手动状态、机器人控制柜处于自动状态。RobotStudio 获取了写权限后，就可以对机器人进行在线的编写程序、修改或设定参数等操作。

机器人控制柜处于自动状态下获取写权限操作，如图 2-15～图 2-17 所示。

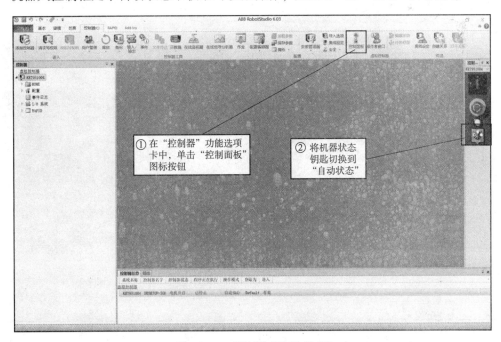

图 2-15　切换到"自动状态"

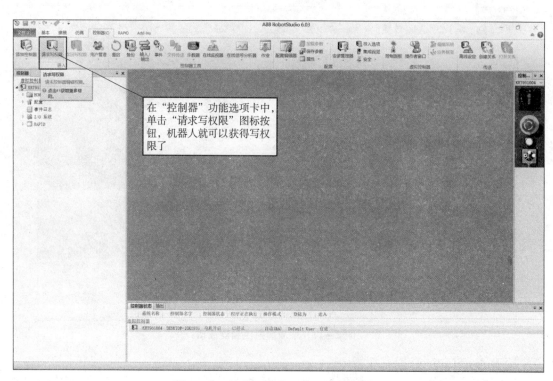

图 2-16　单击"请求写权限"图标按钮

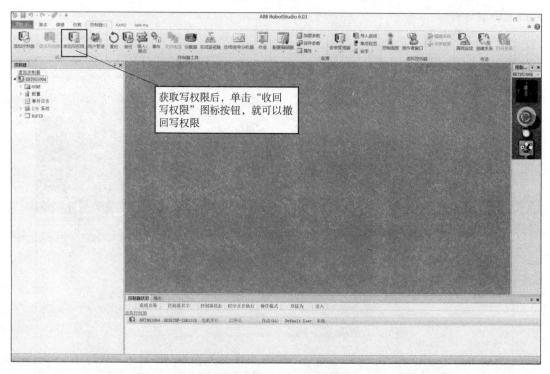

图 2-17　单击"收回写权限"图标按钮可撤回写权限

至此机器人已获取写权限。

机器人控制柜处于手动状态下获取写权限操作，如图 2 – 18 ~ 图 2 – 22 所示。

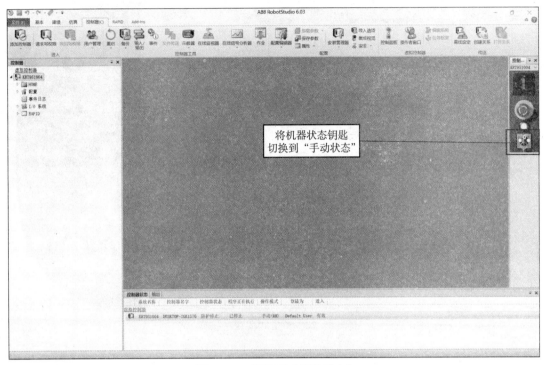

图 2 – 18 切换到"手动状态"

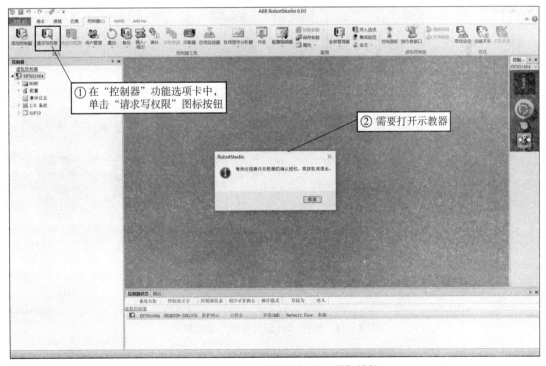

图 2 – 19 单击"请求写权限"图标按钮

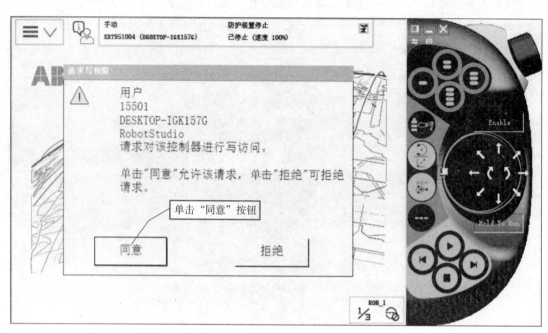

图 2 - 20　单击"同意"按钮

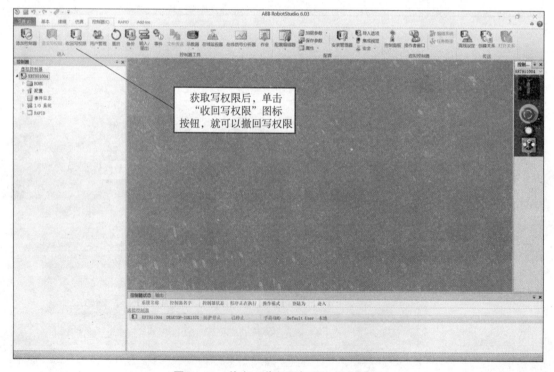

图 2 - 21　单击"收回写权限"图标按钮

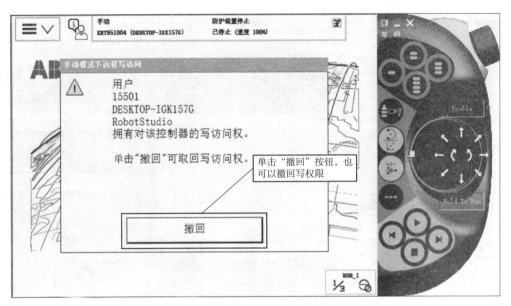

图 2-22   单击"撤回"按钮

至此机器人已获取写权限。

任务 2   使用 RobotStudio 软件进行备份与恢复操作

1. 使用 RobotStudio 软件进行备份操作

使用 RobotStudio 进行备份操作，如图 2-23 ~ 图 2-25 所示。

使用 RobotStudio
软件进行备份操作

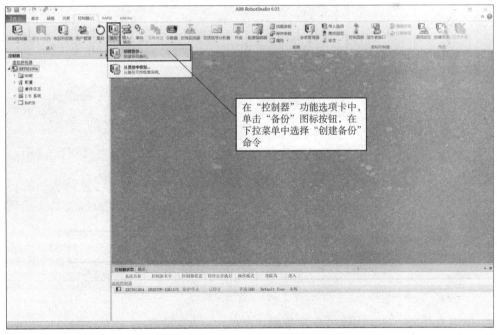

图 2-23   选择"创建备份"命令

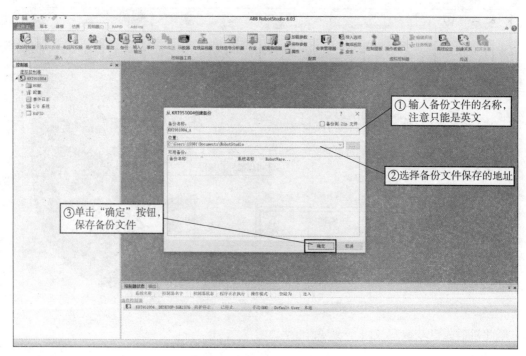

图 2-24　设置备份文件名和路径

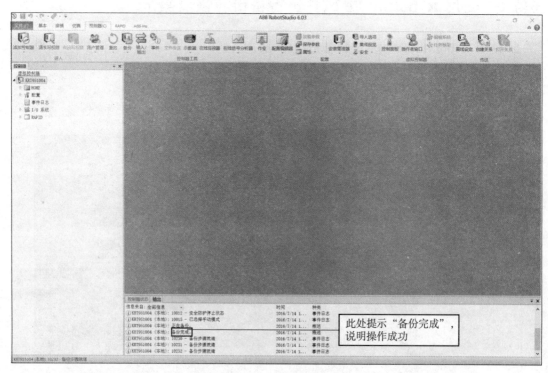

图 2-25　备份完成

2. 使用 RobotStudio 软件进行恢复操作

使用 RobotStudio 软件进行恢复操作，如图 2-26~图 2-28 所示。

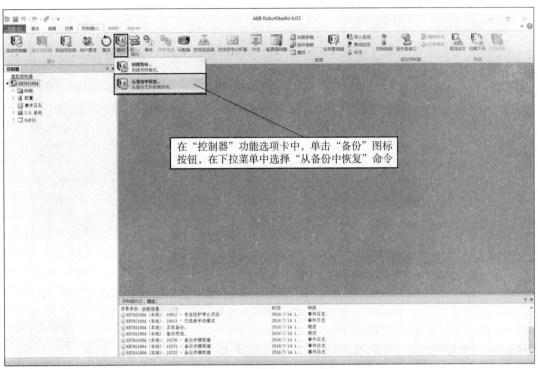

图 2 - 26　选择"从备份中恢复"命令

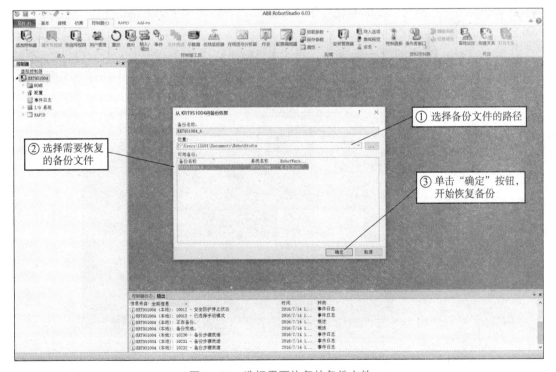

图 2 - 27　选择需要恢复的备份文件

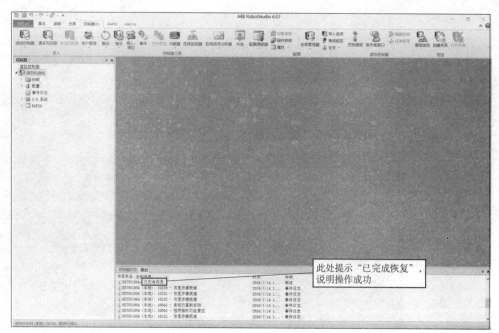

图2-28　已完成恢复

任务3　使用 RobotStudio 软件在线编辑 RAPID 程序的操作

使用 RobotStudio 软件在线编辑 RAPID 程序，能更高效、更快捷地编写程序。一般编辑复杂的程序都需要使用 RobotStudio。下面使用 RobotStudio 给 Module1 添加或修改指令。

使用 Robot -
Studio 软件
在线编辑
RAPID 程序
的操作

1. 修改 Path_10 中的第一条指令，更改为 MoveJ

首先需要建立起 RobotStudio 与机器人的连接，请参考项目2任务1中的详细说明。修改指令的操作，如图2-29~图2-31所示。

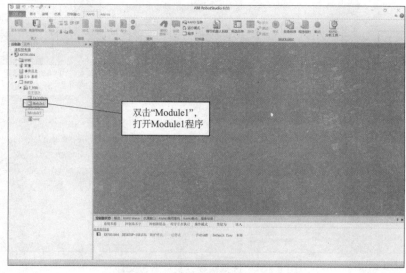

图2-29　打开"Module1"文件

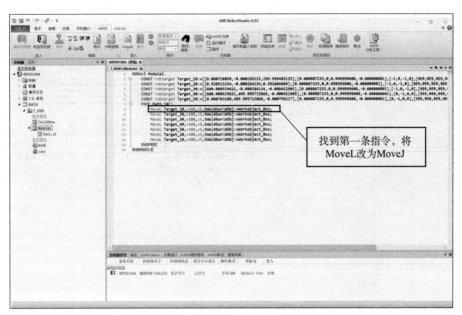

图 2 - 30　修改指令

机器人程序的第一条运动通常都会使用关节运动（MoveJ），要是使用线性运动（MoveL），往往会因当前位置与目标点的距离过大，使机器人到达死区，从而停止程序的运行。

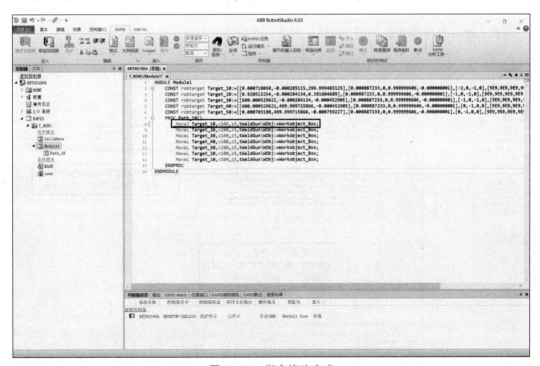

图 2 - 31　指令修改完成

2. 添加延时指令并将时间设置为 2 ms

添加延时函数指令操作，如图 2 - 32 所示。

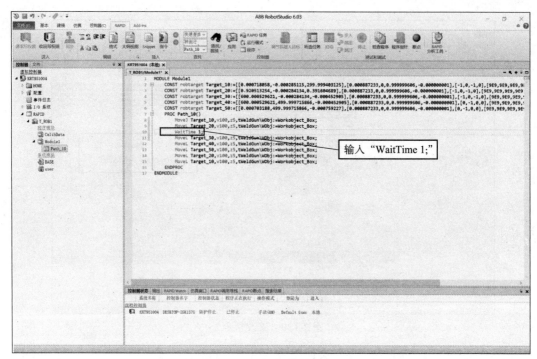

图 2 – 32 添加延时指令

3. 检查、保存程序

检查、保存程序操作，如图 2 – 33 ~ 图 2 – 35 所示。

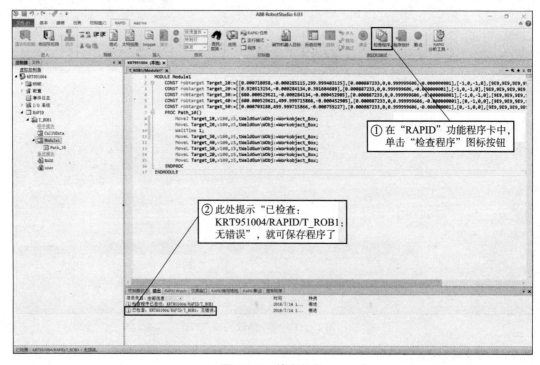

图 2 – 33 检查程序

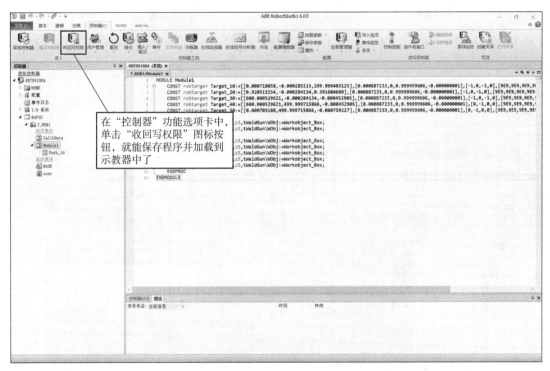

图 2-34 单击 "收回写权限" 图标按钮

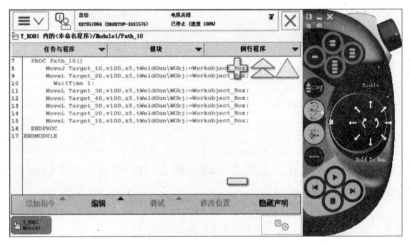

图 2-35 示教器内程序显示

任务 4 使用 RobotStudio 软件在线编辑 I/O 信息操作

1. 创建一个 I/O 单元 DSQC 652

I/O 单元 DSQC 652 参数见表 2-3。

使用 RobotStudio
软件在线编辑
I/O 信息操作

表 2 – 3   I/O 单元 DSQC 652 参数

名称	值
Identification Label	DSQC 652 24 VDC I/O Device
Name	d652
Connected to Industrial Network	DeviceNet
Address	10

首先需要建立起 RobotStudio 与机器人的连接，请参考项目 2 任务 1 中的详细说明；然后进行编辑 I/O 信息操作，如图 2 – 36 ~ 图 2 – 39 所示。

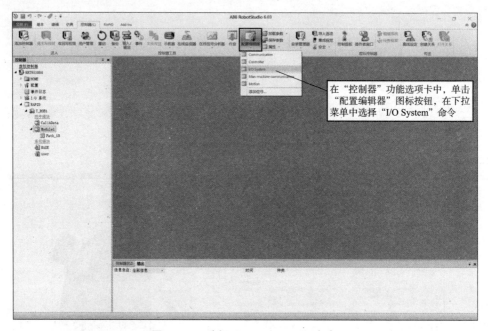

图 2 – 36   选择 "I/O System" 命令

2. 建立数字输出信号

建立数字输出信号信息操作，如图 2 – 40 ~ 图 2 – 43 所示。数字输出信号的参数见表 2 – 4。

任务 5   使用 RobotStudio 软件在线传送文件

在线传送文件操作如图 2 – 44 所示。

任务 6   使用 RobotStudio 软件在线监控机器人和示教器状态

可以通过 RobotStudio 软件的在线功能进行机器人和示教器的监控，具体操作如图 2 – 45 所示。

图 2 - 37　选择"新建 DeviceNet Device"命令

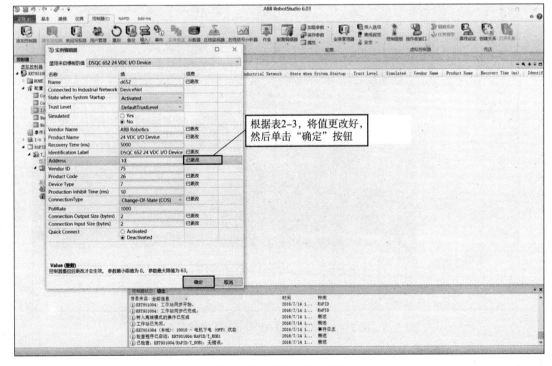

图 2 - 38　修改 d652 参数

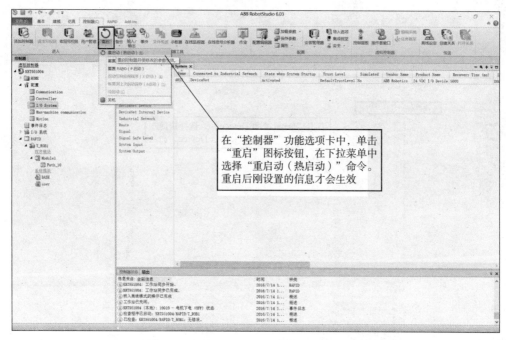

在"控制器"功能选项卡中，单击"重启"图标按钮，在下拉菜单中选择"重启动（热启动）"命令。重启后刚设置的信息才会生效

图 2-39 选择"重启动（热启动）"命令

在"控制器"功能选项卡中，单击"配置编辑器"图标按钮，在下拉菜单中选择"I/O System"命令

图 2-40 选择"I/O System"命令

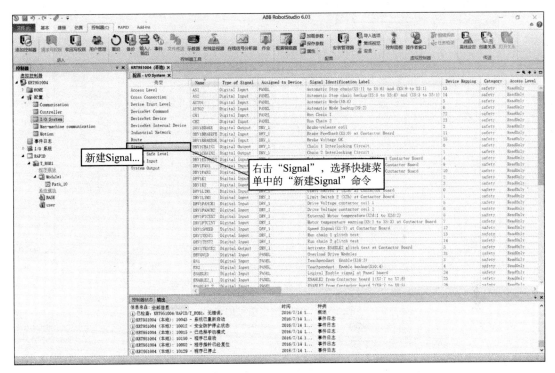

图 2-41　选择"新建 Signal"命令

图 2-42　配置输出口

图2-43 选择"重启动(热启动)"命令

表2-4 数字输出信号的参数

名称	值
Name	Do1
Type of Signal	Digital Output
Assigned to Device	d652
Device Mapping	0

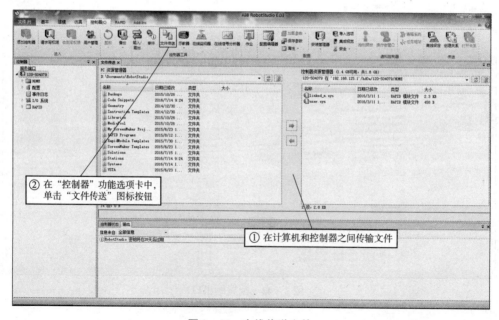

图2-44 在线传送文件

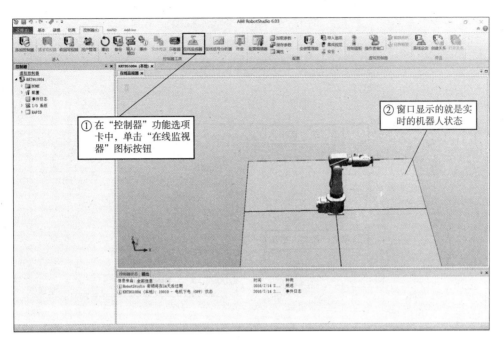

图 2-45 在线监视

任务 7 使用 RobotStudio 软件在线设定示教器用户操作权限管理并登入设定用户

使用 RobotStudio
软件在线设定
示教器用户操作
权限管理并登入
设定用户

设定示教器用户操作权限管理并登录设定用户操作，如图 2-46～图 2-58 所示。

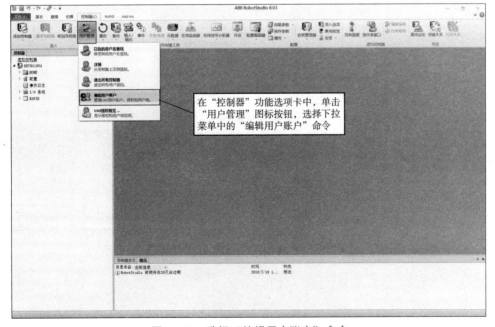

图 2-46 选择"编辑用户账户"命令

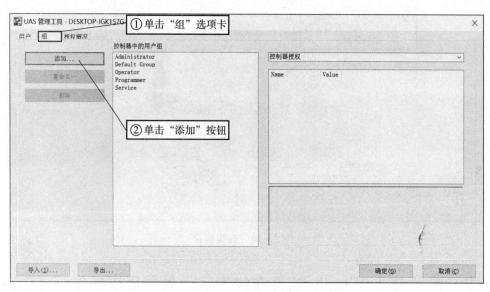

图 2 - 47　添加"组"

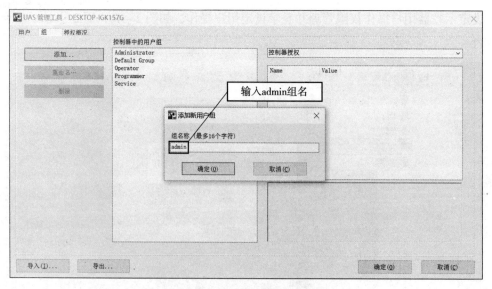

图 2 - 48　输入组名称

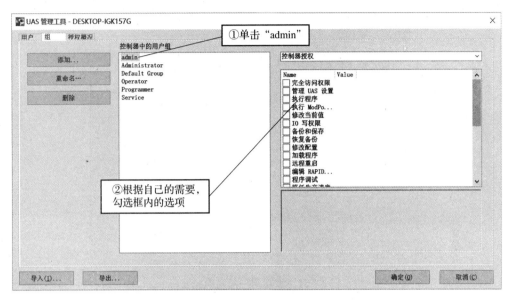

图 2-49　添加组的功能

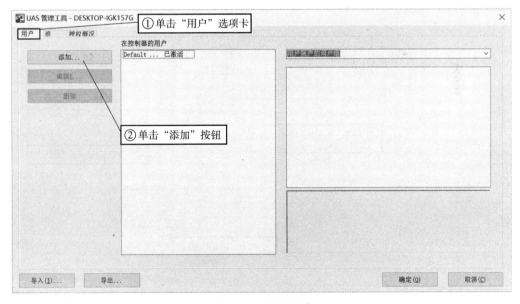

图 2-50　添加用户

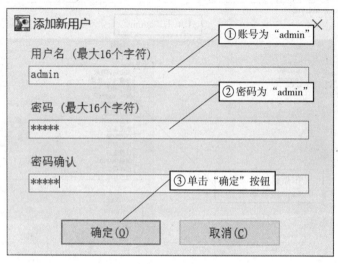

图 2-51 设定用户的名称和密码

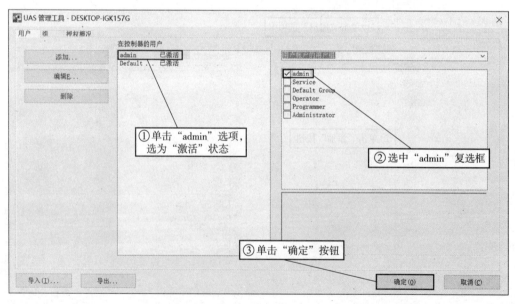

图 2-52 用户添加组

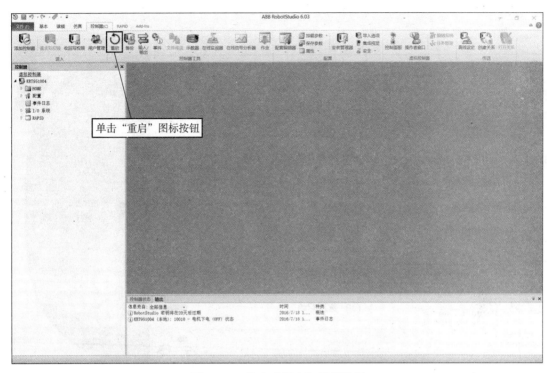

图 2-53　单击"重启"图标按钮

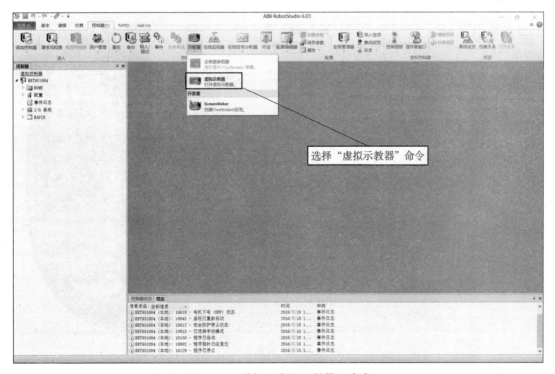

图 2-54　选择"虚拟示教器"命令

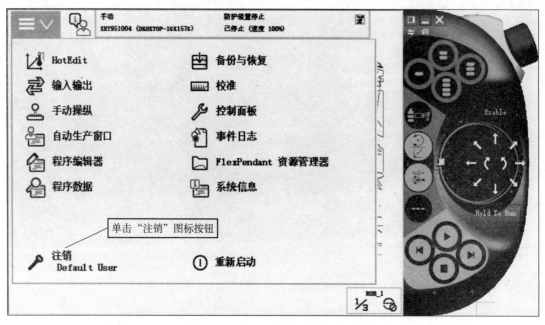

图2-55 单击"注销"图标按钮

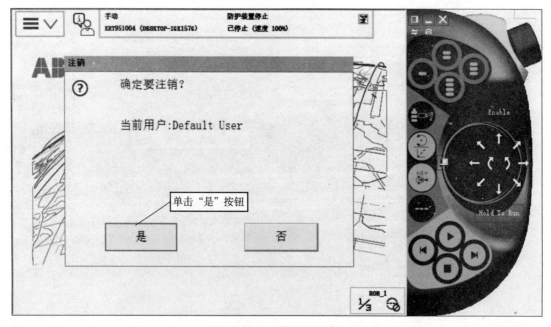

图2-56 注销当前用户

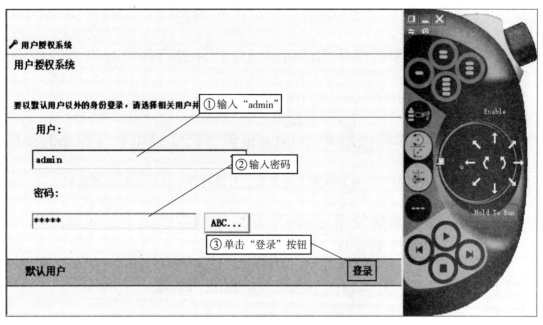

图 2-57　输入用户名称与密码

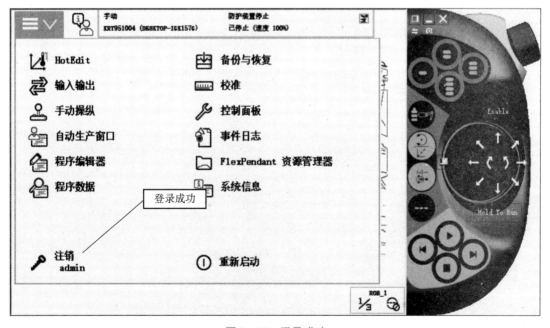

图 2-58　登录成功

2.5 考核评价

考核任务 1   熟练掌握使用 RobotStudio 软件进行备份与恢复的操作

　　要求：能够熟练地对工作站进行备份以及恢复备份系统。

考核任务 2   熟练掌握使用 RobotStudio 软件在线编辑 I/O 信息的操作

　　要求：了解 ABB 机器人的各 I/O 单元的参数，并进行各 I/O 单元的配置及调试。

考核任务 3   熟练掌握使用 RobotStudio 软件在线设定示教器用户操作权限管理

　　要求：建立一个属于自己的用户，并根据需要设定用户的功能。

项目 3

ABB RobotStudio 软件的建模功能

3.1 项 目 描 述

本项目主要学习如何在 RobotStudio 软件中使用"建模"功能选项中的功能。

3.2 教 学 目 的

通过本项目的学习，可以在 RobotStudio 工作站中学会如何导入或制作模型、如何制作机器人工具以及使模型成为机械装置。

3.3 知 识 准 备

3.3.1 ABB RobotStudio 软件的建模功能的基本介绍

图 3 - 1 中有黑色下划线的选项，其功能为创建不同的部件。

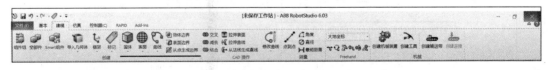

图 3 - 1　创建部件

图 3 - 2 中有黑色下划线的选项，其功能为对部件进行 CAD 操作。

图 3 - 2　对部件进行 CAD 操作

图 3-3 中有黑色下划线的选项，其功能为对部件进行测量。

图 3-3　对部件进行测量

图 3-4 中有黑色下划线的选项，其功能为对多个部件组合一个机械装置和工具。

图 3-4　创建机械装置和工具

3.3.2　ABB RobotStudio 软件的建模功能的基本使用

（1）创建一个矩形体的操作，如图 3-5 所示。创建矩形体对话框参数如表 3-1 所示。

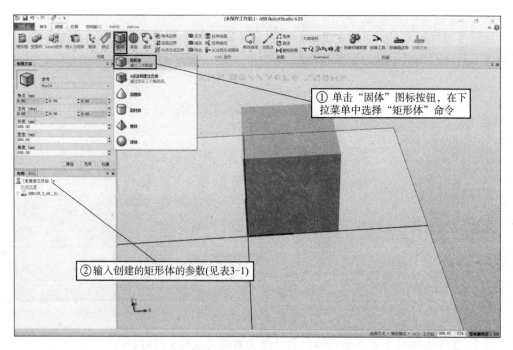

图 3-5　创建矩形体

表 3 - 1　创建矩形体对话框参数

参考	选择要与所有位置或点关联的参考坐标系
角点	单击这些框之一,然后在图形窗口中单击相应的角点,将这些值传送至角点框,或者输入相应的位置。该角点将成为该框的本地原点
方向	如果对象将根据参照坐标系旋转,应指定旋转
长度	指定该矩形体沿 X 轴的尺寸
宽度	指定该矩形体沿 Y 轴的尺寸
高度	指定该矩形体沿 Z 轴的尺寸

(2) 使用"交叉"的操作,如图 3 - 6 所示。

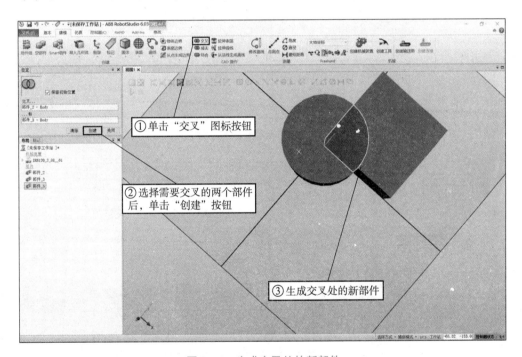

图 3 - 6　生成交叉处的新部件

(3) 使用"测量"的操作,如图 3 - 7 所示。

3.3.3　从外部导入三维模型的基本方式介绍

RobotStudio 可以通过第三方软件的建模软件进行建模,并通过 *.sat 格式导入软件中来完成建模布局工作。当仿真验证时,就可以准确地测试机器人的到达能力、运动节拍,从而使机器人的程序可靠性更高。具体操作如图 3 - 8 ~ 图 3 - 10 所示。

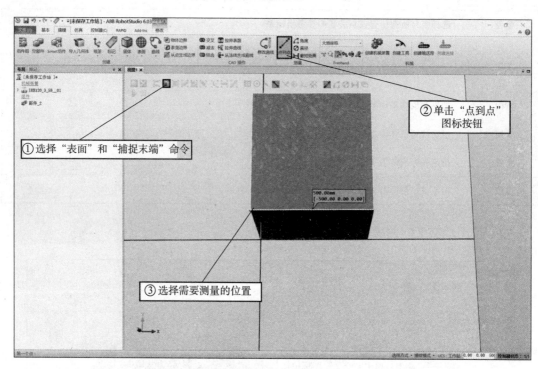

图 3-7 选择需要测量的位置

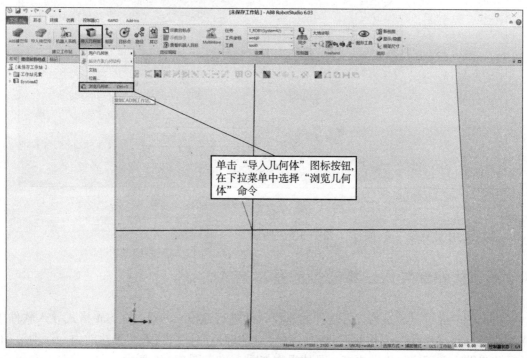

图 3-8 选择"浏览几何体"命令

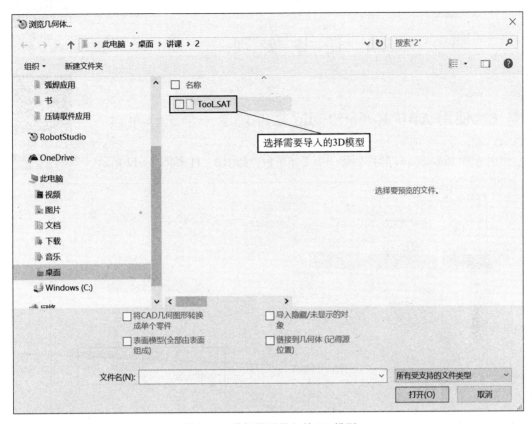

图 3 - 9　选择需要导入的 3D 模型

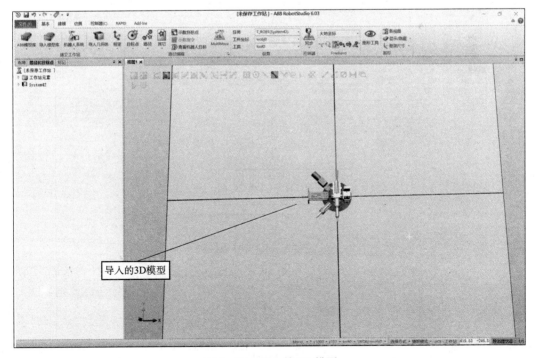

图 3 - 10　导入的 3D 模型

3.4 任务实现

任务1 使用 ABB RobotStudio 软件创建一个工作平台

使用 ABB RobotStudio 软件创建一个工作平台,如图 3 – 11 和图 3 – 12 所示。

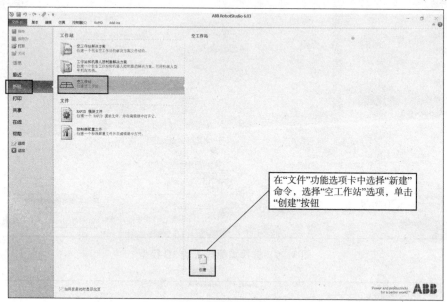

图 3 – 11 创建空工作站

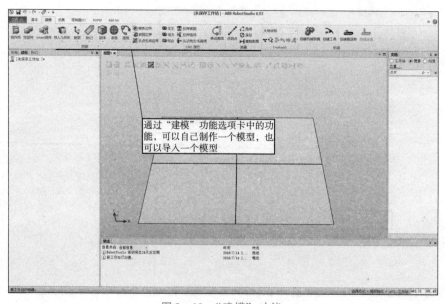

图 3 – 12 "建模"功能

任务 2　使用 ABB RobotStudio 软件创建机械装置

使用 ABB Robot – Studio 软件创建机械装置

在工作中，为了更好地展现仿真效果，需要让机器人周边的模型有动作效果，如常用的夹具、输送线和滑台等。

首先需要建立一个工作站，详情可参看 3.4 节的任务 1。下面是制作一个装盘机械装置的操作，如图 3 – 13 ~ 图 3 – 29 所示。

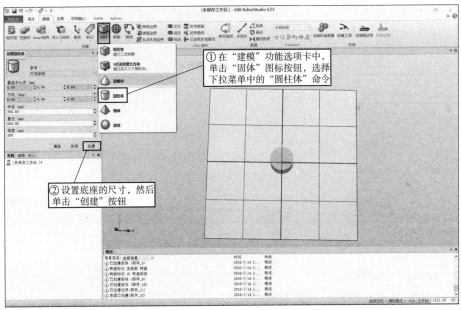

图 3 – 13　创建圆柱体

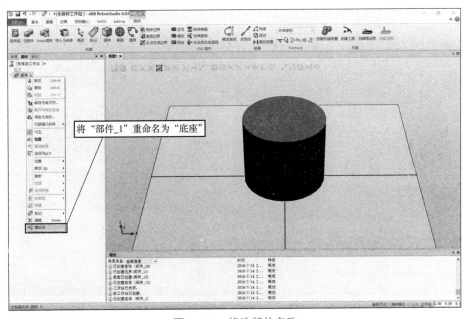

图 3 – 14　修改部件名称

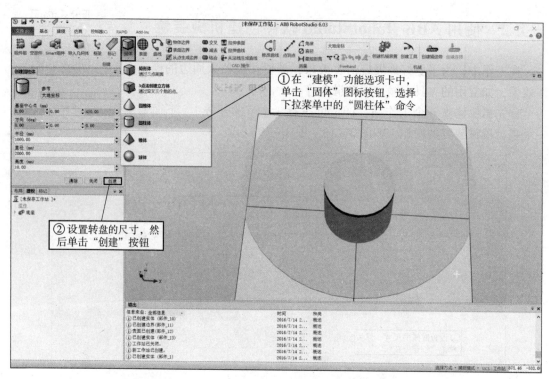

图 3 – 15　创建圆柱体

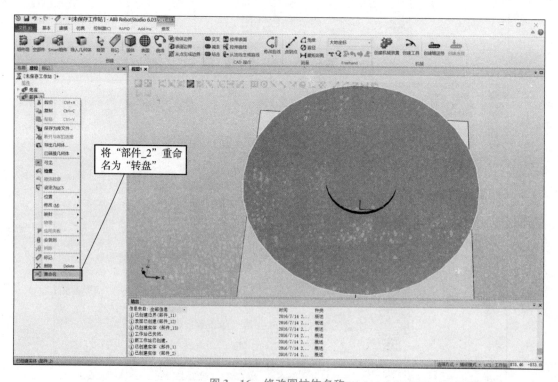

图 3 – 16　修改圆柱体名称

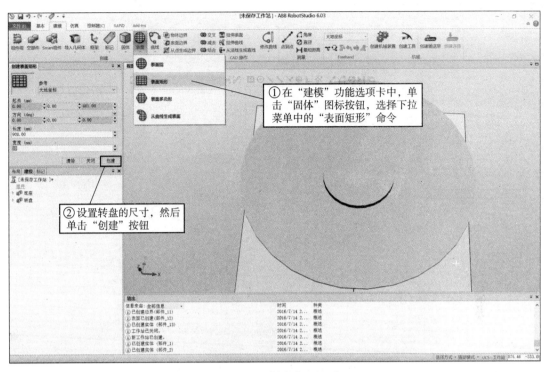

图 3-17　创建表面矩形

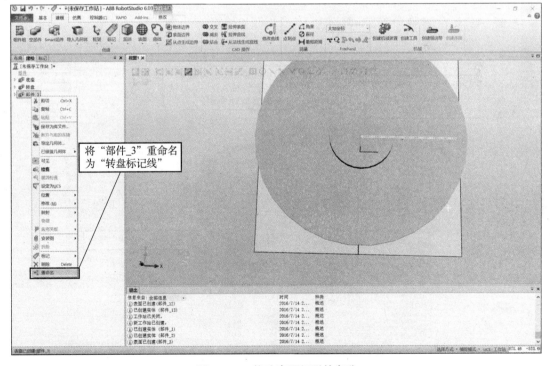

图 3-18　修改表面矩形的名称

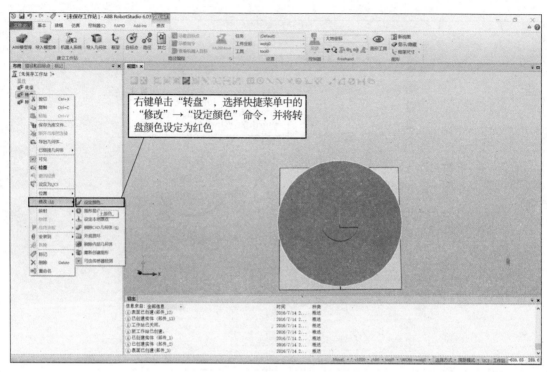

右键单击"转盘",选择快捷菜单中的"修改"→"设定颜色"命令,并将转盘颜色设定为红色

图 3 – 19　设定转盘的颜色为红色

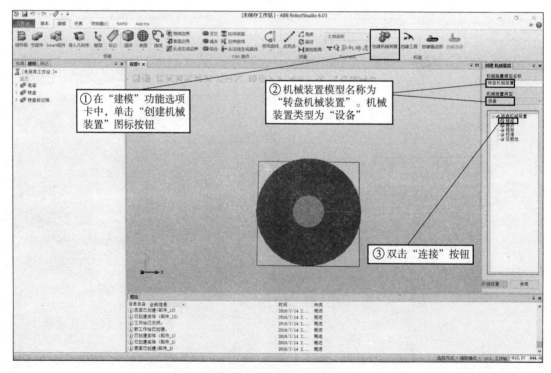

① 在"建模"功能选项卡中,单击"创建机械装置"图标按钮

② 机械装置模型名称为"转盘机械装置"。机械装置类型为"设备"

③ 双击"连接"按钮

图 3 – 20　创建机械装置

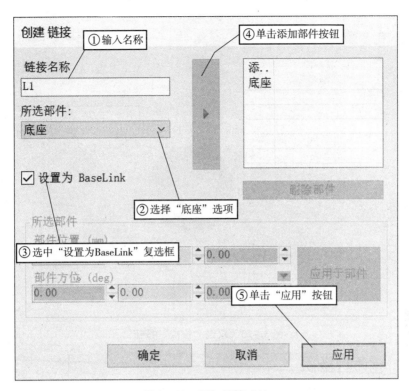

图 3 - 21　添加链接 (1)

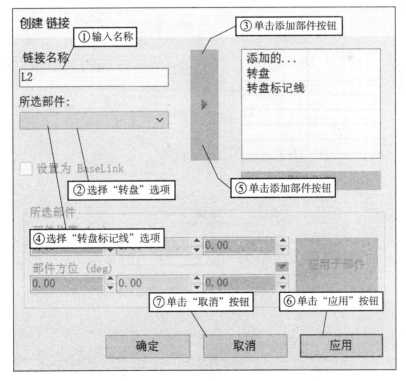

图 3 - 22　添加链接 (2)

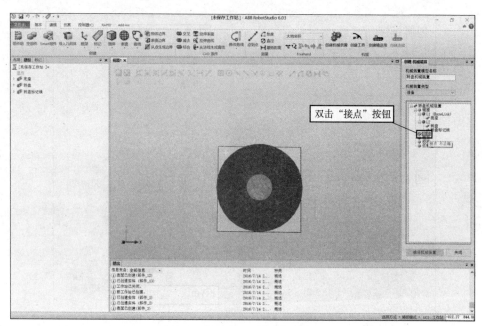

图 3-23   双击"接点"按钮

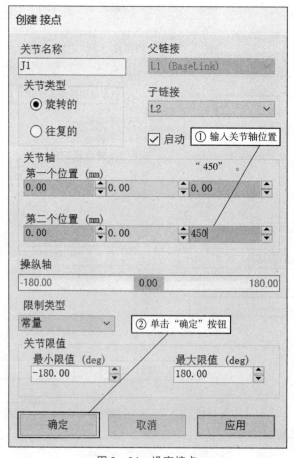

图 3-24   设定接点

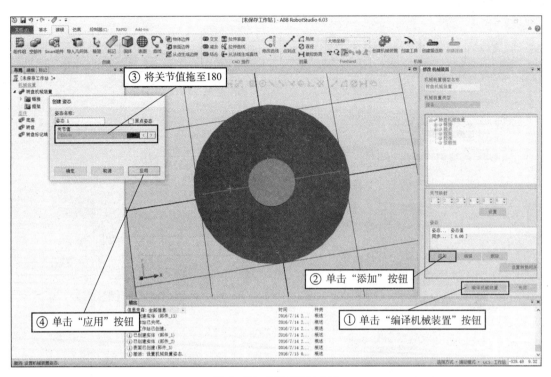

图 3-25　添加姿态（1）

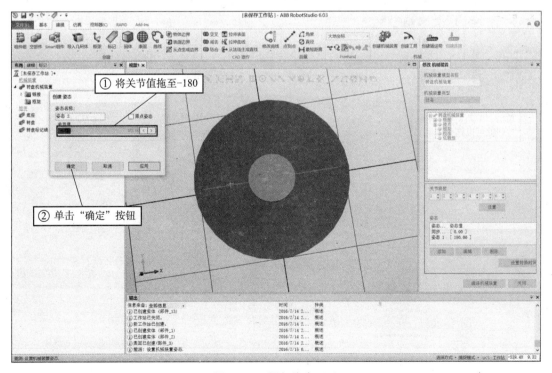

图 3-26　添加姿态（2）

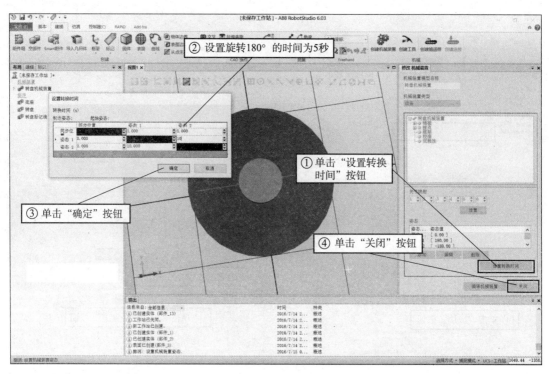

图 3 – 27　设定转换时间

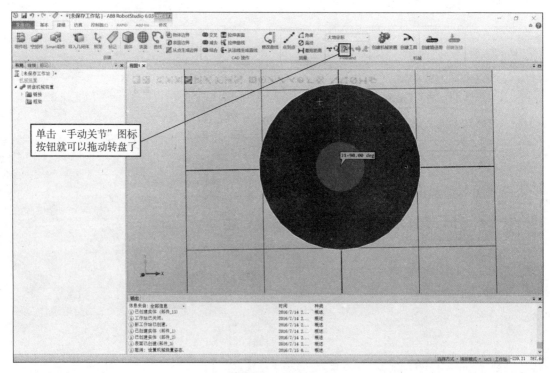

图 3 – 28　拖动转盘

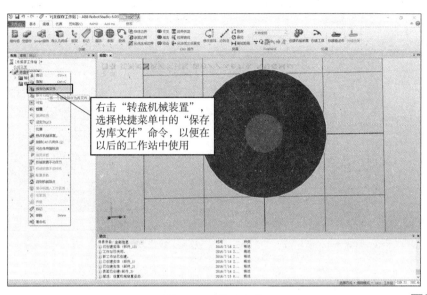

图 3-29 保存部件

使用 ABB Robot – Studio 软件创建 机器人工具

任务3 使用 ABB RobotStudio 软件创建机器人工具

在构建机器人工作站时，机器人法兰盘上可以安装各种工具，但不是每种工具在RobotStudio 软件中都有，因此需要从外部导入工具安装到机器人法兰盘上，并且还需要给工具设置其安装坐标和工具末端的工具坐标系。

首先需要建立一个工作站，详情可参看 3.4 节的任务 1。下面是创建机器人工具的操作，如图 3-30 ~ 图 3-40 所示。

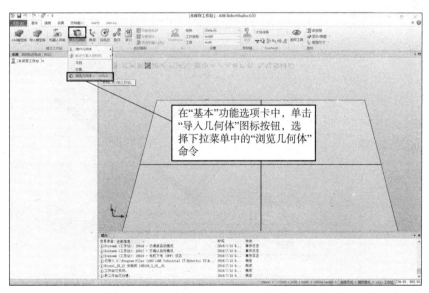

图 3-30 浏览几何体并导入

路径：工业机器人仿真与离线编程/ABB/项目3/任务3。

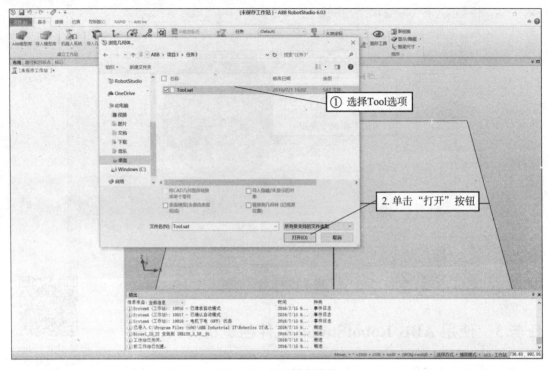

图3-31　打开模型路径

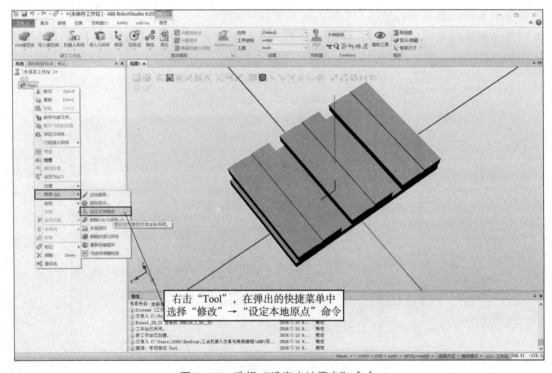

图3-32　选择"设定本地原点"命令

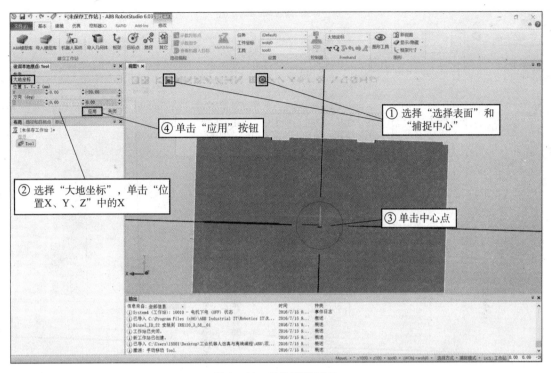

图 3-33 设定模型原地

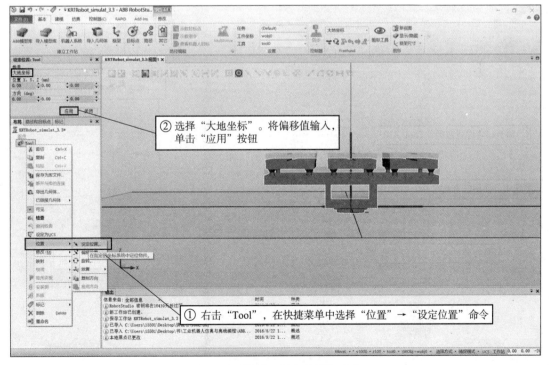

图 3-34 选择"设定位置"命令

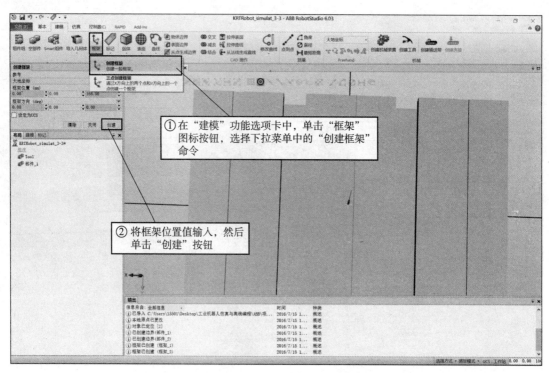

① 在"建模"功能选项卡中,单击"框架"图标按钮,选择下拉菜单中的"创建框架"命令

② 将框架位置值输入,然后单击"创建"按钮

图 3-35 选择"创建框架"命令

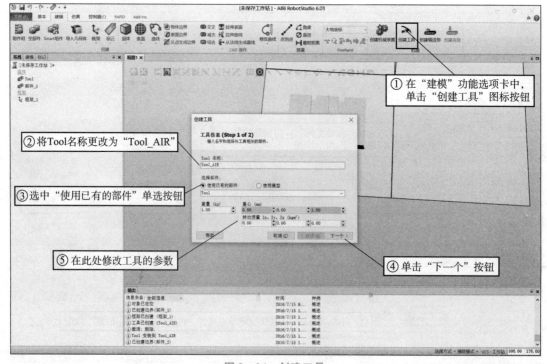

① 在"建模"功能选项卡中,单击"创建工具"图标按钮

② 将Tool名称更改为"Tool_AIR"

③ 选中"使用已有的部件"单选按钮

⑤ 在此处修改工具的参数

④ 单击"下一个"按钮

图 3-36 创建工具

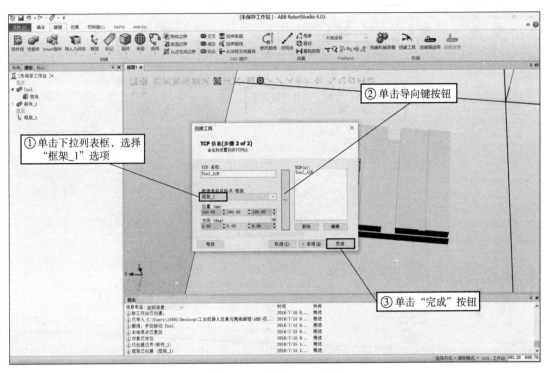

图 3 - 37　导入 TCP 数据

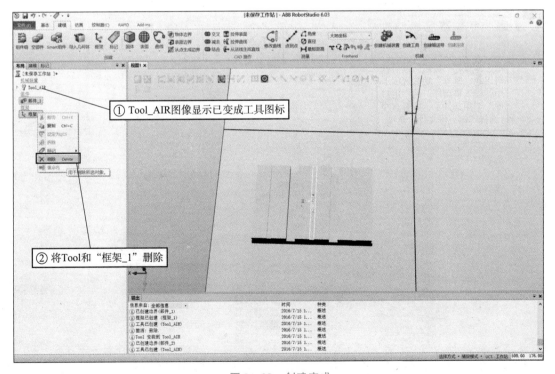

图 3 - 38　创建完成

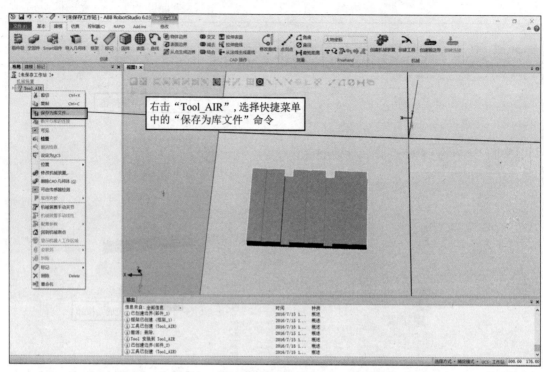

图3-39 选择"保存为库文件"命令

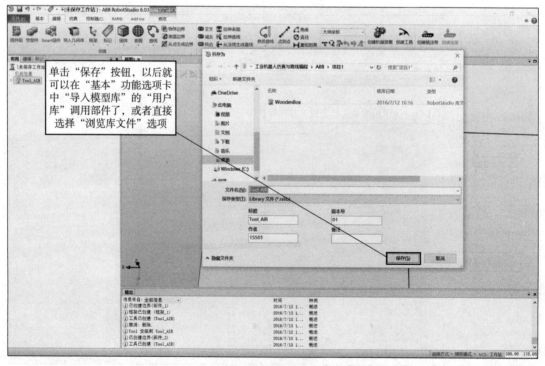

图3-40 保存部件

3.5 考核评价

考核任务 1 熟练掌握建模功能的基本使用

要求：掌握知识准备中 3.3.1 节和 3.3.2 节内的知识点，并能熟练地操作使用。

考核任务 2 能正确地使用测量工具进行测量的操作

要求：能够快速地对模型进行测量。

考核任务 3 能独立完成创建一个简单的机械装置

要求：细心学习本项目任务 2，了解各细节的操作后，能够独立完成创建一个简单的机械装置。

考核任务 4 能独立完成创建一个简单的机器人工具

要求：细心学习本项目任务 2，了解各细节的操作后，能独立完成创建一个简单的机器人工具。

项目 4

ABB RobotStudio 软件离线轨迹编程

4.1 项目描述

本项目通过 ABB RobotStudio 软件的离线轨迹编程，使系统对待加工工件需要加工的轨迹产生一条完整的路径，机器人通过路径可对待加工工件进行加工。

4.2 教学目的

通过本项目的学习可以了解机器人离线编程的应用行业，了解 ABB RobotStudio 离线轨迹编程的关键知识点，并学会利用离线编程对模型进行加工。

4.3 知识准备

4.3.1 ABB RobotStudio 软件离线轨迹编程介绍

RobotStudio 根据三维模型曲线特征，利用自动路径功能自动生成机器人的运行轨迹路径。减少了逐个示教目标点位，从而缩短了生成机器人轨迹的时间，并且还能保证机器人运动轨迹的精度。因此，它在工业机器人行业中使用广泛。

4.3.2 ABB RobotStudio 软件离线轨迹编程的关键点介绍

在 ABB RobotStudio 软件离线轨迹编程中，为了保证生成的轨迹精度、工艺合格，应该保证以下的关键点。

1. 曲线

通过单击图 4 - 1 中的"表面"或"曲线"按钮，对需要生成的加工轨迹创建一条曲线。

图 4 - 1　创建曲线

2. 自动生成路径

在图 4 - 2 的"路径"中，选择"自动生成路径"。

图 4 - 2　自动生成路径

自动生成路径对话框参数见表 4 - 1。

表 4 - 1　自动生成路径对话框参数

选择或输入数值	用　途
反转	轨迹运行方向置反
参照面	被选作法线来创建路径对象的侧面
线性	为每个目标生成线性移动指令
圆弧运动	在描述圆弧的选定边上生成环形移动指令
常量	使用常量距离生成点
最小距离	设置两生成点之间的最小距离，即小于该最小距离的点将被过滤掉
最大半径	在将圆周视为直线前确定圆的半径大小，即可将直线视为半径无限大的圆
公差	设置生成点所允许的几何描述的最大偏差

在近似值中，需要根据不同的曲线特征选择不同的近似值参数类型。通常情况下选择"圆弧运动"，这样处理曲线时，线性部分的曲线则执行线性运动，圆弧部分的曲线则执行圆弧运动，不规则的曲线部分则分段式地执行线性运动；而"线性"和"常量"都是固定的模式，即全部按照选定的模式对曲线进行处理，使用不当则会产生大量的多余点位或路径精度不满足工艺要求。

3. 姿态

当自动路径生成后，需要根据工艺要求和机器人的到达能力，修改目标点的姿态。

4. 轴配置

机器人到达目标点，可能会出现多种关节轴组合情况。而选择不合适的轴配置参数，易使机器人运动时到达关节轴的限位，迫使机器人停止活动。因机器人的部分关节运动范围超过 360°，以 IRB120 机器人关节轴 6 的运动范围为 -400°～400°为例，当关节轴 6 为 0°时、关节轴 6 为 360°和关节轴 6 为 -360°时，法兰盘上的工具都是在同一个位置。如要想详细设定机器人到达目标点时各关节轴的度数，可选中"包含转数"复选框，如图 4 - 3 所示。

要想选择最合适的轴配置参数，需通过观察机器人各关节轴的度数，选择各关节轴的度数靠近 0°的轴配置参数组。因为当关节轴度数为 0°时，关节轴的运动范围是最大的。

4.3.3 关于 ABB RobotStudio 软件机器人碰撞监控功能的介绍

碰撞集包含两组对象，即 ObjectA 和 ObjectB，可将对象放入其中以检测两组之间的碰撞。当 ObjectA 内任何对象与 ObjectB 内任何对象发生碰撞时，此碰撞将显示在图形视图里并记录在输出窗口内。可在工作站内设置多个碰撞集，但每一碰撞集仅能包含两组对象。

通过碰撞检测功能就可以在模拟仿真时验证轨迹的可行性，验证机器人在运行过程中是否与周边设备发生碰撞。

接近丢失：选择的两组对象之间的距离小于该值时，则用颜色提醒（见图 4 – 4）。

图 4 – 3　轴配置参数

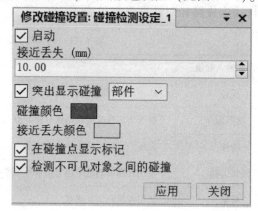

图 4 – 4　修改碰撞设置

碰撞：选择的两组之间发生碰撞时，则显示颜色。

4.3.4 关于 ABB RobotStudio 软件机器人 TCP 跟踪功能的介绍

TCP 跟踪选项卡参数见表 4 – 2，警告选项卡参数见表 4 – 3。

表 4 – 2　TCP 跟踪选项卡参数

名称	描　述
启用 TCP 跟踪	选中此复选框可对选定机器人的 TCP 路径启动跟踪
踪迹长度（mm）	指定最大轨迹长度（以 mm 为单位）
追踪轨迹颜色	当未启用任何警告时，显示跟踪的颜色。要更改提示颜色，可单击彩色框
提示颜色	当警告选项卡上所定义的任何警告超过临界值时，显示跟踪的颜色。要更改提示颜色，可单击彩色框
在仿真开始时清除踪迹	选择此复选框可在仿真开始时清除当前踪迹
清除 TCP 踪迹	单击此按钮可从图形窗口中删除当前跟踪

表 4 – 3　警告选项卡参数

名称	描　述
使用仿真提醒	选中此复选框可对选定机器人启动仿真提醒
在输出窗口显示提示信息	选中此复选框可在超过临界值时查看警告消息。如果未启用 TCP 跟踪，则只显示警报
TCP 速度	指定 TCP 速度警报的临界值
TCP 加速度	指定 TCP 加速度警报的临界值
肘节奇异点	指定在发出警报之前关节 5 与零点旋转的接近程度
接点限制	指定在发出警报之前每个关节与其限值的接近程度

4.4　任 务 实 现

创建机器人
激光切割曲线

任务 1　创建机器人激光切割曲线

首先解压 KRTRobot_simulat_4A 工作站，如图 4 – 5 所示（工作站保存路径：工业机器人仿真与离线编程/ABB/项目 4）。

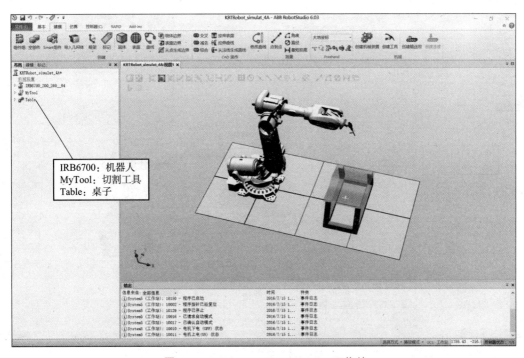

图 4 – 5　KRTRobot_simulat_4A 工作站

创建机器人激光切割曲线操作，如图4-6~图4-7所示。

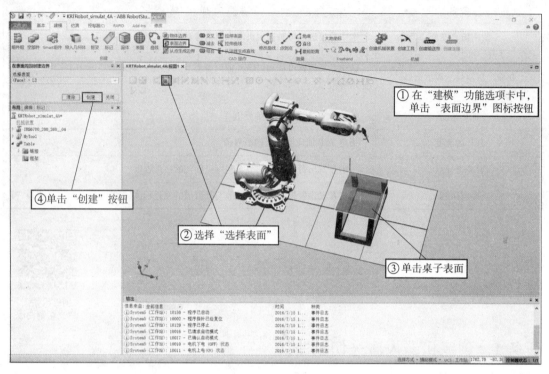

图4-6　选择表面

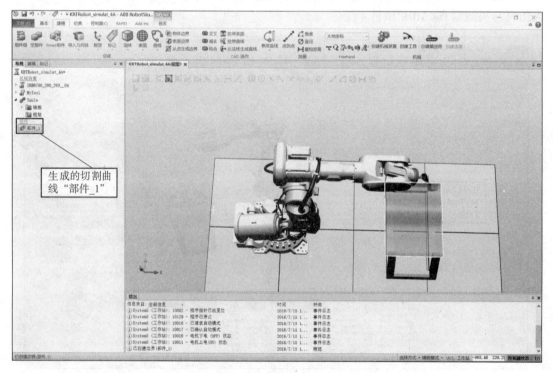

图4-7　表面生成完成

任务 2 生成机器人激光切割路径

生成机器人
激光切割路径

现在根据已生成的切割曲线自动生成机器人切割路径。为了确保生成的路径方便用户编程和修改，首先应该创建一个工件坐标系，如图 4 - 8 ~ 图 4 - 13 所示。

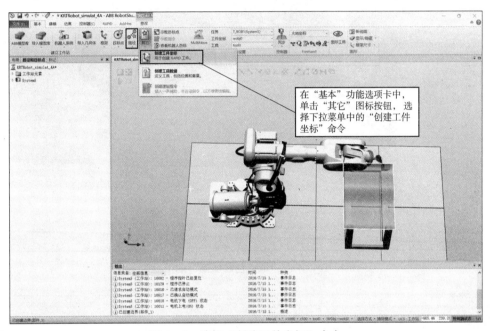

图 4 - 8 选择"创建工件坐标"命令

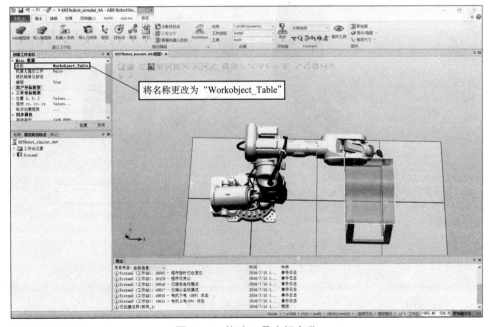

图 4 - 9 修改工具坐标名称

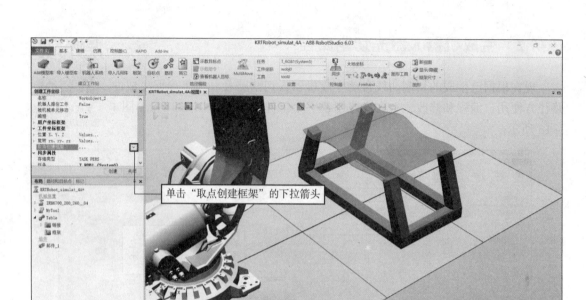

图4-10 单击"取点创建框架"的下拉箭头

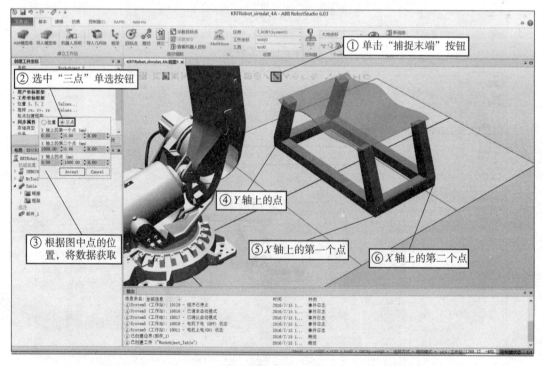

图4-11 捕捉点位

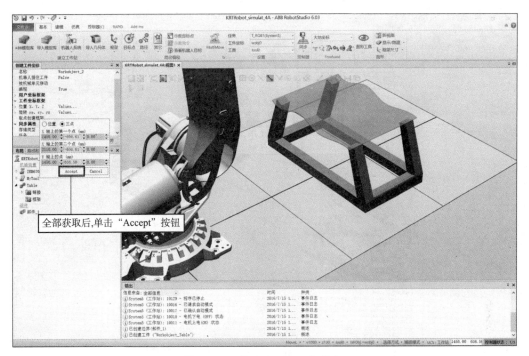

图 4 – 12　单击 "Accept" 按钮

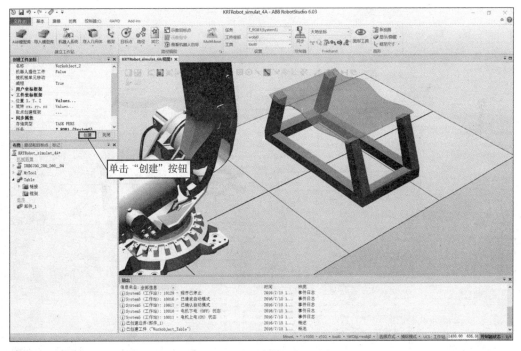

图 4 – 13　单击 "创建" 按钮

　　工件坐标 Workobject_Table 创建完成了，下面将操作自动生成路径，如图 4 – 14 ~ 图 4 – 18 所示。其中选择参照面时，将指令改为速度 500、拐弯值 5、工具坐标 MyTool、工件坐标 Workobject_Table，如图 4 – 16 所示。

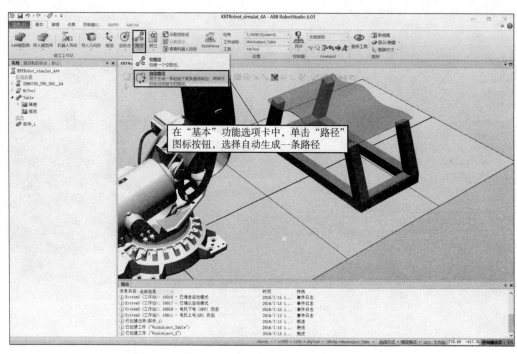

图 4 - 14　自动生成路径

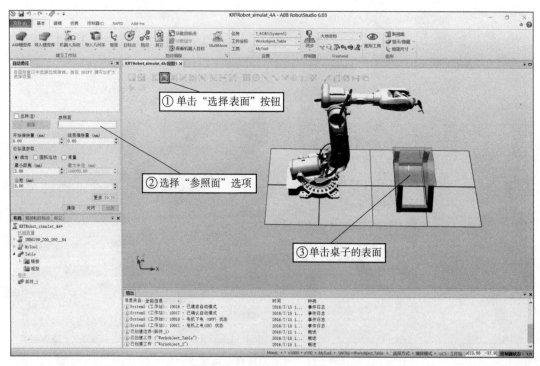

图 4 - 15　选择"参照面"选项

MoveL ▾ * v500 ▾ z5 ▾ MyTool ▾ \WObj:=Workobject_Table ▾

图 4 - 16　设定移动指令参数

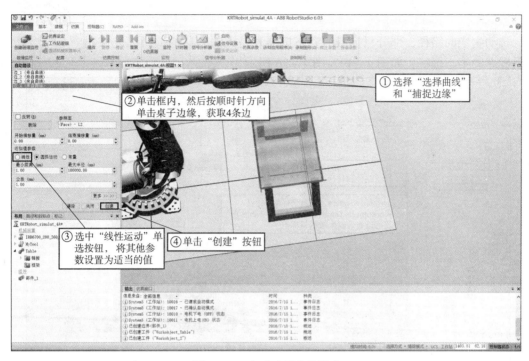

图 4-17　自动路径参数设定

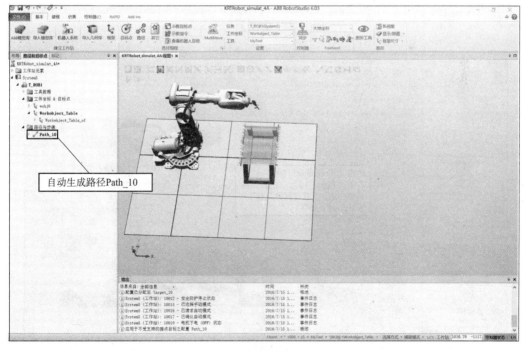

图 4-18　自动生成路径完成

任务 3　激光切割中机器人目标调整及轴配置参数设置

激光切割中机器人目标调整及轴配置参数设置

　　自动生成的路径，部分目标点的姿态机器人是无法到达的。所以应该先将目标点的姿态统一，如图 4－19～图 4－26 所示。

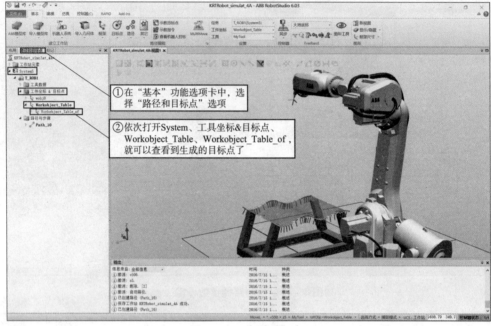

图 4－19　查看目标点

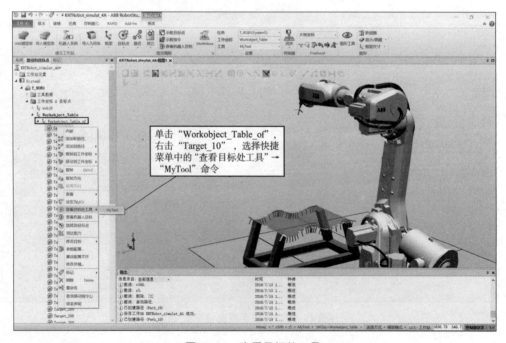

图 4－20　查看目标处工具

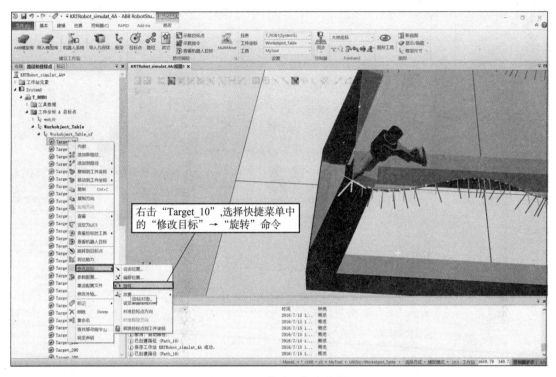

图 4-21　修改目标点位置

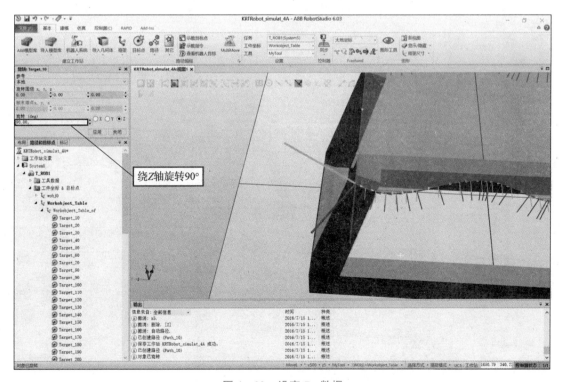

图 4-22　设定 R_Z 数据

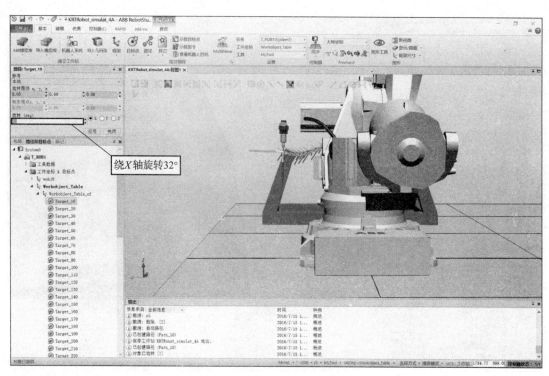

绕 X 轴旋转32°

图 4 - 23　设定 R_X 数据

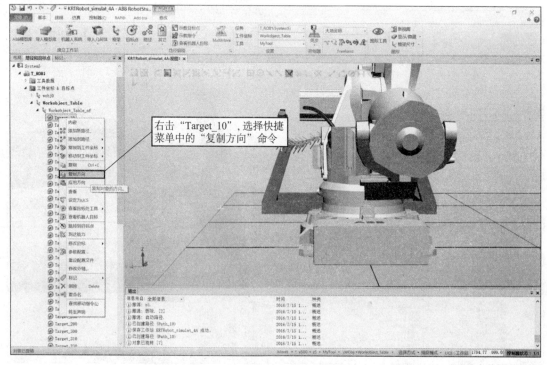

右击"Target_10",选择快捷菜单中的"复制方向"命令

图 4 - 24　选择"复制方向"命令

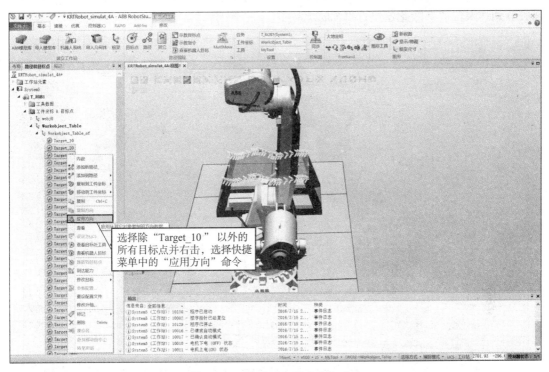

图 4-25　选择"应用方向"命令

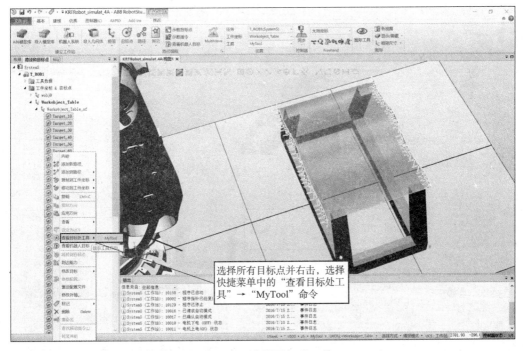

图 4-26　查看目标处工具

　　观察所有目标点的姿态是否一致，如有请应用 Target_10 的姿态。当姿态一致时，开始轴配置，如图 4-27～图 4-30 所示。

选择轴配置参数,应该选各关节值靠中的轴配置选项。这样机器人在运动时不容易出现关节到达限位值,因此这里选择 Cfg2。

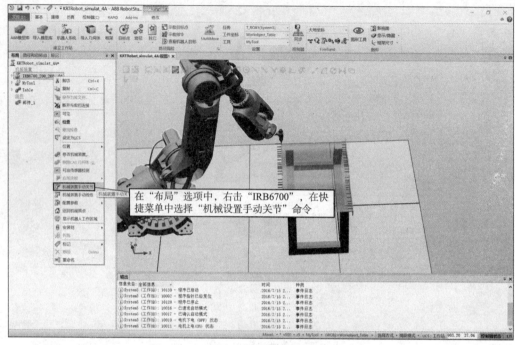

在"布局"选项中,右击"IRB6700",在快捷菜单中选择"机械设置手动关节"命令

图 4-27　选择"机械设置手动关节"命令

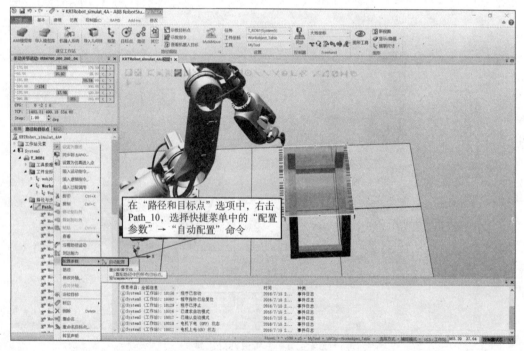

在"路径和目标点"选项中,右击 Path_10,选择快捷菜单中的"配置参数"→"自动配置"命令

图 4-28　选择"自动配置"命令

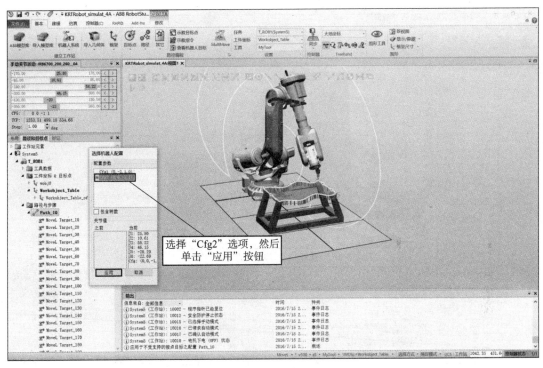

图 4 - 29　选择机器人配置

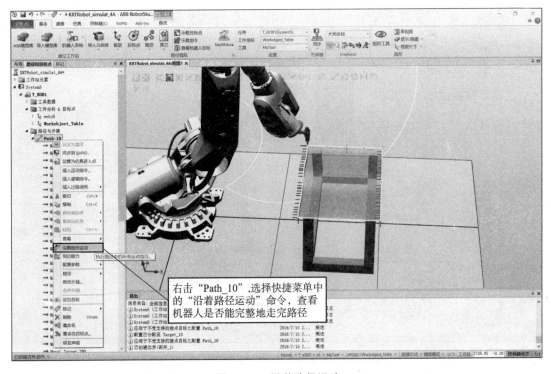

图 4 - 30　沿着路径运动

下面进一步完善路径，如图4-31~图4-50所示。

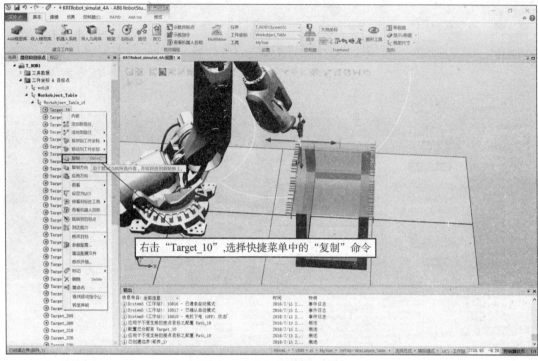

图4-31 复制"Target_10"

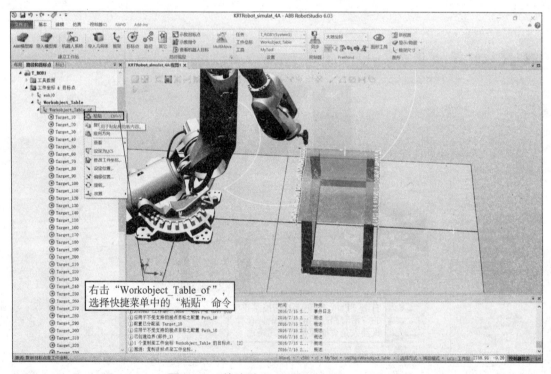

图4-32 粘贴到"Workobject_Table_of"

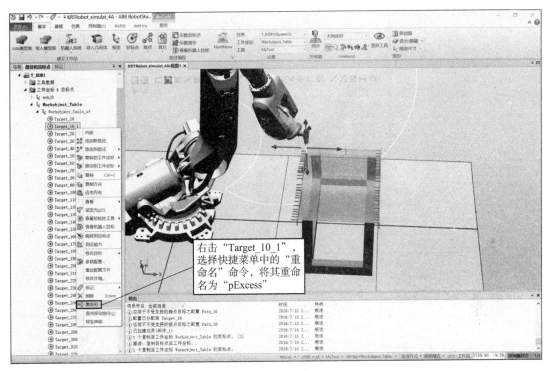

图 4 – 33　将 "Target_10_1" 重命名为 "pExcess"

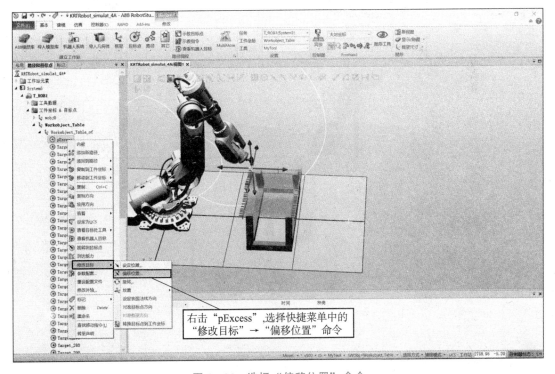

图 4 – 34　选择 "偏移位置" 命令

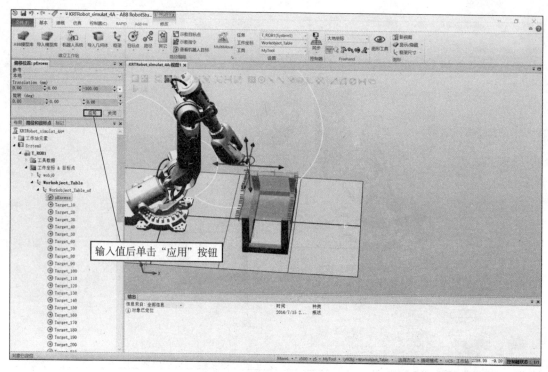

图 4 – 35 输入位置数据

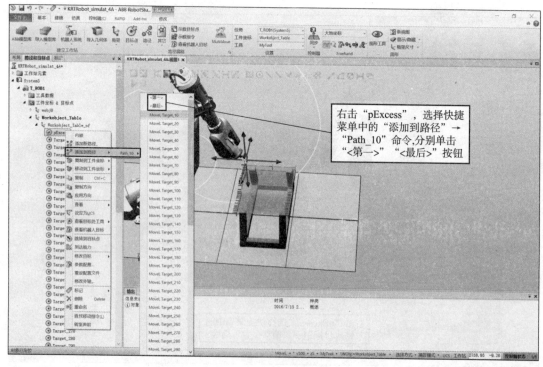

图 4 – 36 添加到路径

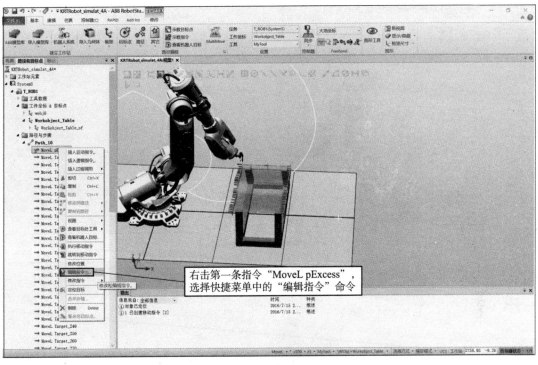

图 4 – 37　选择"编辑指令"命令

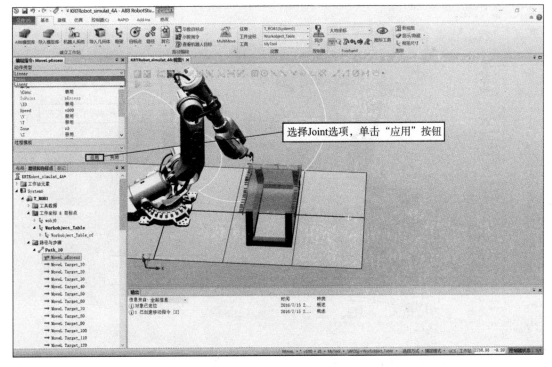

图 4 – 38　选择 Joint 选项

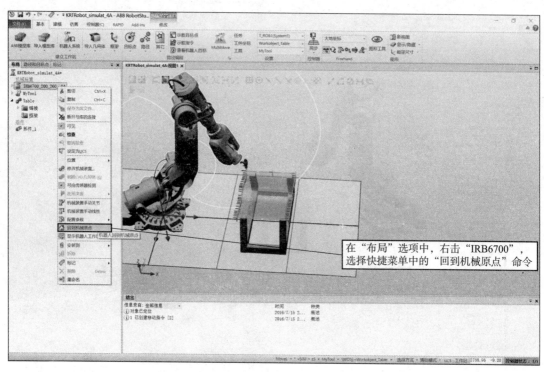

图 4 - 39　选择"回到机械原点"命令

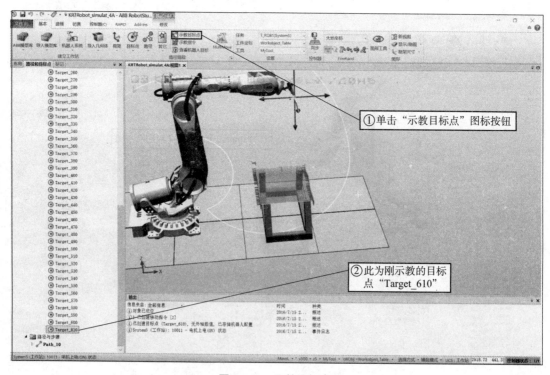

图 4 - 40　示教目标点

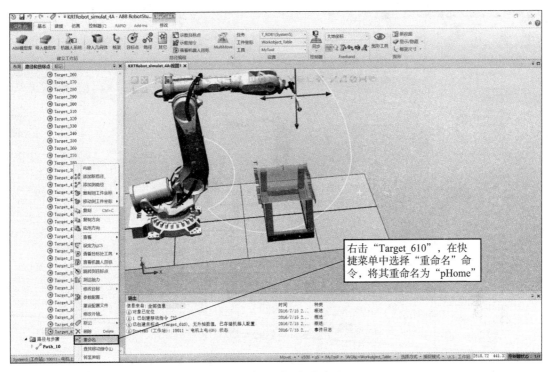

图 4-41　修改目标点名称

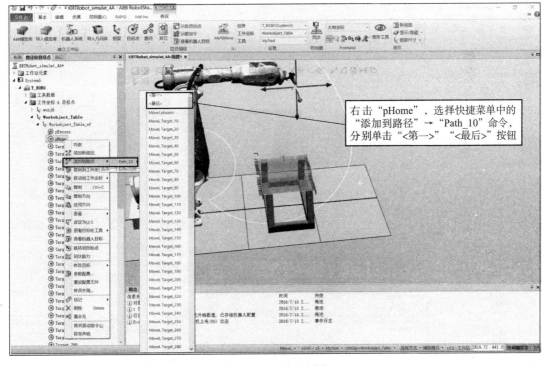

图 4-42　添加到路径

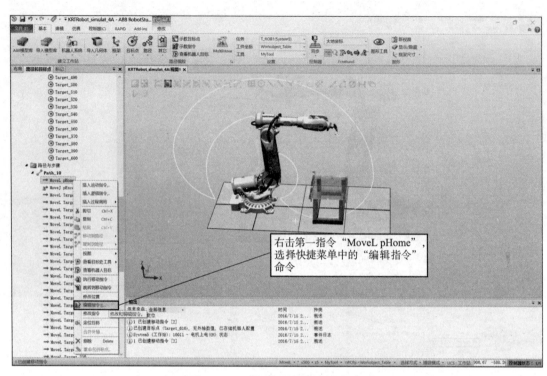

图 4-43 选择"编辑指令"命令

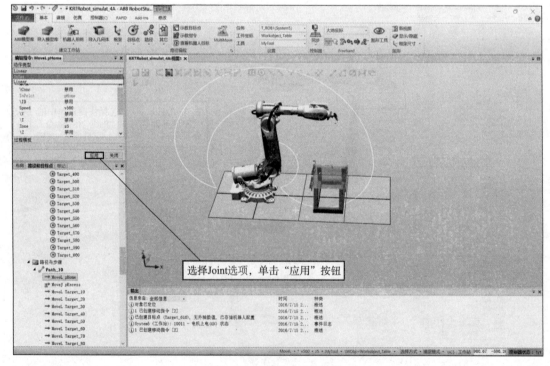

图 4-44 选择 Joint 选项

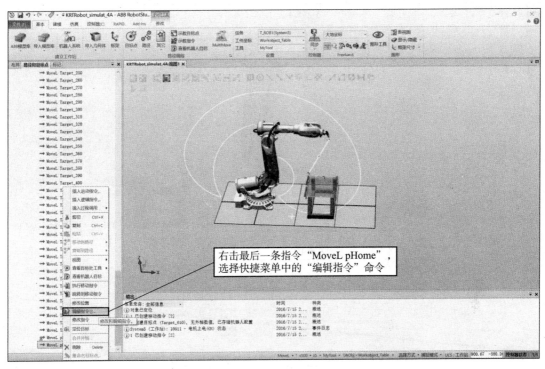

图 4 – 45　选择"编辑指令"命令

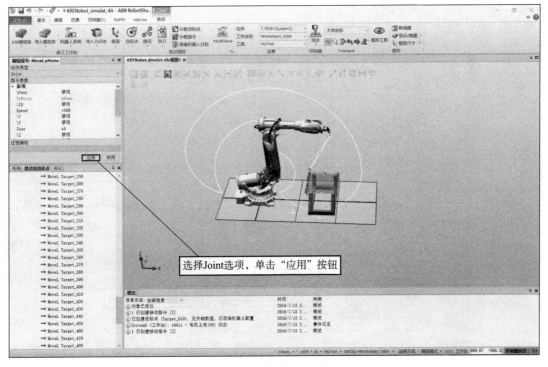

图 4 – 46　选择 Joint 选项

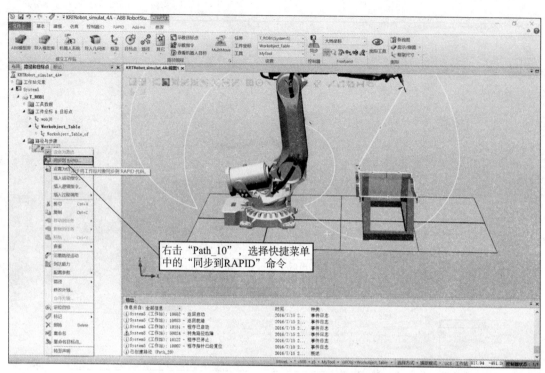

右击"Path_10"，选择快捷菜单
中的"同步到RAPID"命令

图 4 - 47   将路径同步到 RAPID

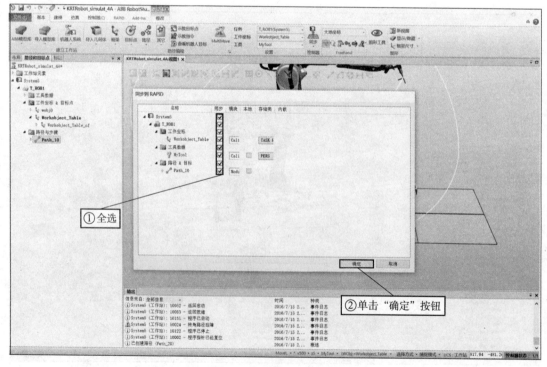

① 全选

② 单击"确定"按钮

图 4 - 48   选择同步文件

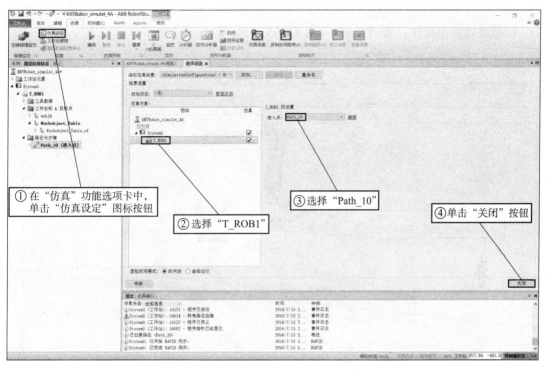

① 在"仿真"功能选项卡中，
单击"仿真设定"图标按钮

② 选择"T_ROB1"

③ 选择"Path_10"

④ 单击"关闭"按钮

图 4-49　仿真设定

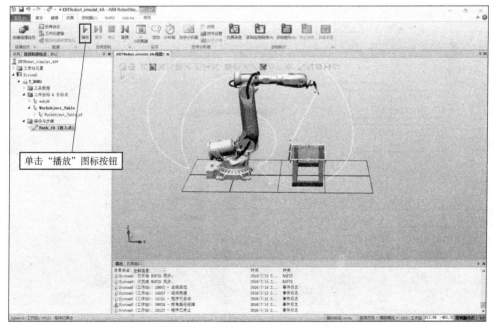

单击"播放"图标按钮

图 4-50　单击"播放"图标按钮

任务4　激光切割中机器人碰撞监控功能的使用

创建碰撞监控操作，如图4-51～图4-55所示。

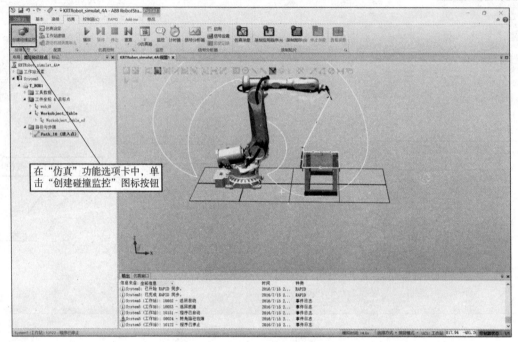

图4-51　创建碰撞监控

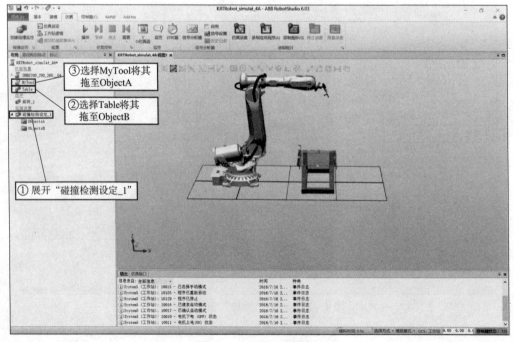

图4-52　设定碰撞部件

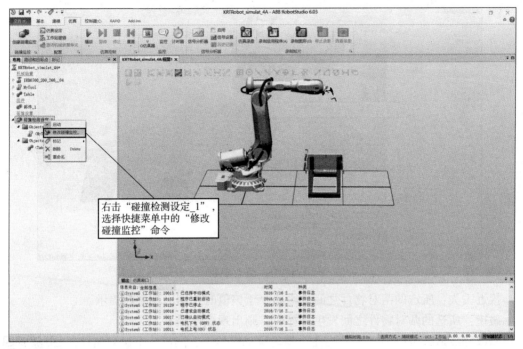

图 4 – 53 选择"修改碰撞监控"命令

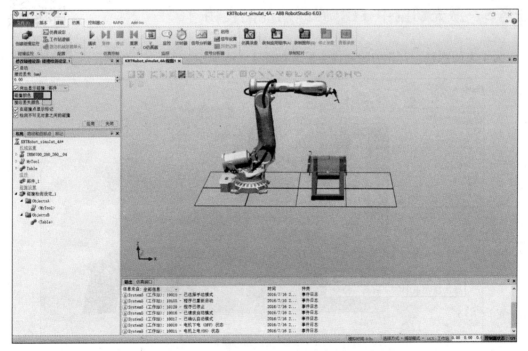

图 4 – 54 设定碰撞颜色

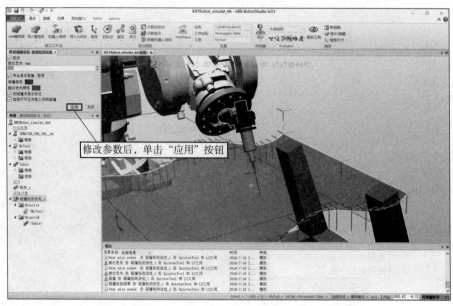

图 4-55　修改参数

接近丢失：所选的两对物件之间的距离小于该值时，则出现颜色提示。

碰撞：所选的两对物件之间发生碰撞时，则出现颜色提示。

修改完成后，可以用"手动线性"运动移动机器人，测试一下碰撞监控。

任务 5　激光切割中 TCP 跟踪功能的使用

激光切割中 TCP
跟踪功能的使用

为了方便观察，首先关闭碰撞监控，如图 4-56 所示。

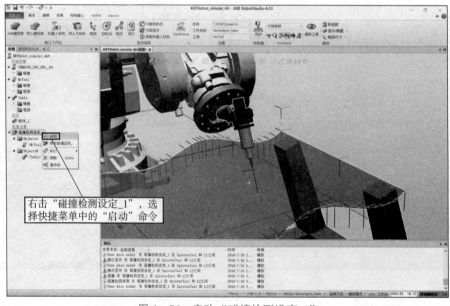

图 4-56　启动"碰撞检测设定_1"

创建 TCP 跟踪操作，如图 4－57～图 4－60 所示。

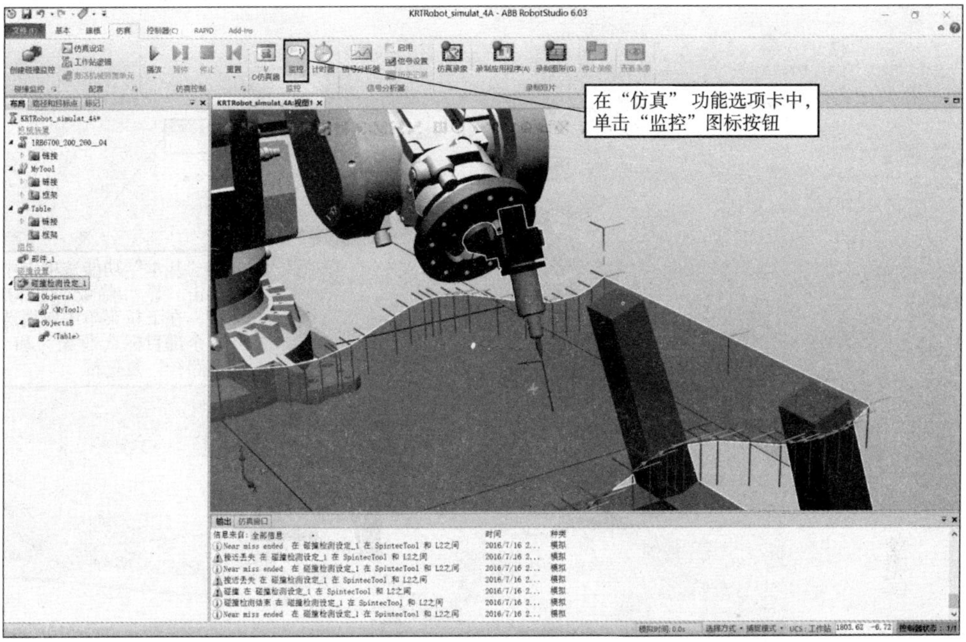

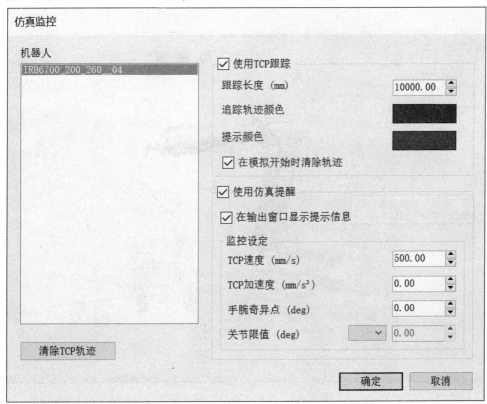

图 4－57　创建 TCP 跟踪

将参数修改为如图 4－58 所示，然后单击"确定"按钮。

图 4－58　设定 TCP 跟踪参数

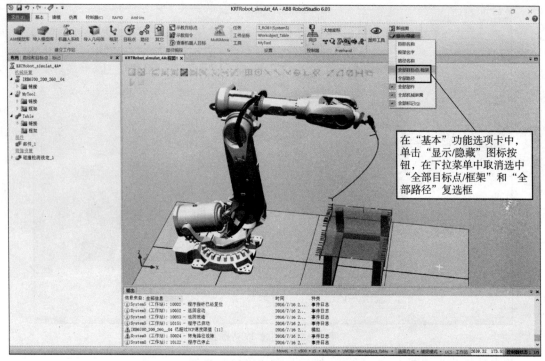

图4-59　隐藏全部目标点

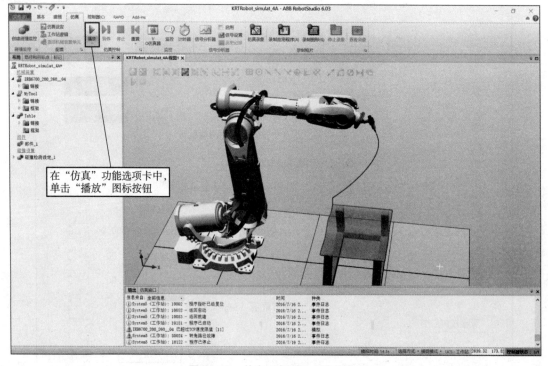

图4-60　单击"播放"图标按钮

4.5　考核评价

考核任务　通过 ABB RobotStudio 离线轨迹编程生成一条机器人可移动的路径

要求：

（1）对需要生成的路径生成一条曲线。

（2）生成出的路径，机器人必须是以最佳姿态移动。

（3）使用碰撞监控和 TCP 跟踪，观察机器人的移动轨迹。

项目 5

ABB RobotStudio 软件 Smart 组件的应用

5.1 项 目 描 述

本项目通过 RobotStuido 软件中的 Smart 组件功能，对任务的输送链和工具进行设定，使其拥有动态功能，使任务运行时输送链能够自动产生箱子，工具能对箱子实现抓放功能。

5.2 教 学 目 的

通过了解 Smart 组件的主菜单和子组件的功能，完成任务中输送链和工具的设定。

5.3 知 识 准 备

5.3.1 Smart 组件概念

Smart 组件是在 RobotStudio 仿真中实现动画效果的重要工具。通过 Smart 组件可以对任务中的机械装置、部件等进行控制，达到该机械装置或部件在任务中应该实现的功能，如流水线、吸盘工具等。

5.3.2 Smart 组件菜单介绍

1. "组成" 功能选项

在 Smart 组件中添加一个子组件，对其可进行设定。

1）子组件

若列表中选择了对象，则在右侧的面板中将会显示相对应的命令，如表 5 - 1 所列。

表 5 – 1　子组件命令参数说明

命　令	描　　述
添加组件	为组件添加一个子对象
编辑父对象	将编辑器中的内容转换为当前编辑组件的父对象属性
断开与库的连接	将所选的对象断开与库的连接，允许修改该对象
导出为 XML	打开一个对话框，可以利用它导出并将组件定义及其属性另存为 * . rsxml 文件

右键单击所选的对象，以显示以下上下文菜单项，如表 5 – 2 所列。

表 5 – 2　子组件项目参数说明

项　目	描　　述
编辑	将编辑器中的内容设置为所选的子对象的属性
删除	删除该子对象
在浏览栏中显示	指示出该对象是否会显示在布局浏览器中
设定为 Role	将该对象设置为组件的 Role。Smart 组件将继承部分 Role 的特性。例如，将一个组件（使用工具作为 Role）安装到机器人上，则还需要创建一个工具坐标
属性	打开对象的属性编辑器

2）已保存状态

组件的状态可以保存并稍后恢复至已保存状态。状态中包括组件中选中的可修改特征和保存状态时的子组件，如表 5 – 3 所列。

表 5 – 3　已保存状态命令参数说明

命　令	描　　述
保存当前状态	将当前 Smart 组件的状态进行保存
恢复已选择状态	将组件恢复至所选状态
详细	打开一个窗口显示所选状态的详细信息
删除	删除所选状态

3）资产

资产命令参数说明如表 5 – 4 所列。

表 5 – 4　资产命令参数说明

命　令	描　　述
添加 Asset	打开对话框，在对话框中可以浏览并选择任何文件作为 Asset
设定图标	打开对话框，在对话框中浏览并选择表示 Smart 组件的图标

续表

命令	描　　述
更新所有 Assets	使用磁盘上相应文件中的数据替代所有 Assets 中的数据。如果没有文件可用，在输出窗口中将会显示提示信息
视图	在相关联的程序中打开所选的 Asset
保存	打开对话框保存所选的 Asset
删除	删除所选的 Asset

注意：属性和信号的文本资源（描述）被存储在名为 Resources. < language – id > . xml 的 Asset 中。如果该文件被删除，该语言的对应文字将被清空而使用默认的英语。当创建组件时默认语言始终为英语，无论应用程序使用何种语言。

2. "属性与连接" 功能选项

1）动态属性

组件中的动态属性显示在网格中。

表 5 – 5 中的命令可用。

表 5 – 5　动态属性命令参数说明

命令	描　　述
添加动态属性	打开添加动态属性对话框
展开子对象属性	展开子对象属性对话框
编辑	打开所选属性的编辑动态属性对话框
删除	删除所选属性

（1）添加或编辑动态属性。使用添加动态属性对话框，可以创建动态属性或编辑已存在的动态属性。表 5 – 6 所列控件可用。

表 5 – 6　添加或编辑动态属性控件参数说明

控件	描　　述
属性标识	为属性指定标识符。该标识符由字母和数字组成，以字母开头而且必须唯一
描述	属性的详细描述
只读	标明该属性是否可使用 GUI 上的属性编辑器等工具进行编辑
属性类型	在可用的类型列表中选择属性类型
属性值	指定属性值。当改变属性类型和/或属性特质时，该值也会随之变化

控件	描　述
添加	可以添加、移除和修改属性特质。 可用属性特质有： ◇ MinValue ◇ MaxValue ◇ Quantity ◇ Slider ◇ AutoApply 数值属性用 SI 单位指定

注意：编辑现有属性时，标识符和类型控件将被锁定而无法修改。如果输入内容有效，"确定"按钮将被激活，从而允许添加或更新属性。如果无效，则将显示错误图标。

（2）展开子对象属性。使用展开子对象属性对话框，可以添加新属性及将已存在属性绑定至子对象。新属性与子属性拥有同样的类型和特质。

表 5 - 7 所列控件可用。

表 5 - 7　展开子对象属性控件参数说明

控件	描　述
属性标识	新属性标识，默认和所选子属性标识符一致
连接方向	指定属性连接的方向
目标对象	指定要展开属性的子对象
目标属性	指定子属性

2）属性连接

组件中的属性连接显示在网格中。

表 5 - 8 所列命令可用。

表 5 - 8　属性连接控件参数说明

命令	描　述
添加连接	打开添加连接对话框
添加表达式绑定	打开添加表达式绑定对话框
编辑	根据所选连接的类型，打开编辑连接或编辑表达式连接对话框
删除	删除所选连接

（1）添加连接。在添加连接对话框中，可以创建或编辑属性绑定。

表 5 - 9 所列控件可用。

表 5 – 9　添加连接控件参数说明

控件	描　　述
源对象	指定源属性的所有者
源属性	指定连接的源
目标对象	指定目标属性的所有者
目标属性	指定连接的目标。系统仅列出与源属性类型相同的属性
允许循环连接	允许目标属性在同一环境被设置两次,若不允许循环连接,则第二次设置同一目标时将会出错。除动态属性外,目标列表框还将显示一些只能用作目标不能用作源的通用属性,如对象转换

（2）添加表达式连接。使用添加表达式绑定对话框,可以指定数学表达式作为属性绑定的源。

表 5 – 10 所列控件可用。

表 5 – 10　添加表达式连接控件参数说明

控件	描　　述
表达式	指定数学表达式。 以下为可用的数学表达式: 允许的运算符: +、-(一元和二元)、*、/、^(幂)、sin( )、cos( )、sqrt( )、atan( )和 abs( )。 允许的运算项: 当前 Smart 组件及其子组件的数字常量,PI 和数字动态属性。 此文本框拥有类似于智能感知的功能,可以从可用属性中进行选择。如果在文本框中输入的表达式无效,则会显示错误图标
目标对象	指定目标属性的所有者
目标属性	指定连接的目标。只会列出数值属性

3. “信号与连接”选项卡

1）I/O 信号

网格中显示了组件中包含的 I/O 信号。

表 5 – 11 所列命令可用。

表 5 – 11　I/O 信号命令参数说明

命令	描　　述
添加 I/O 信号	打开添加 I/O 信号对话框
展开子对象信号	展开子对象信号对话框
编辑	打开编辑信号对话框
删除	删除所选信号

（1）添加 I/O 信号。使用添加 I/O 信号对话框，可以编辑 I/O 信号，或添加一个或多个 I/O 信号到所选组件。

表 5 – 12 所列控件可用。

表 5 – 12　添加 I/O 信号控件参数说明

控件	描　述
信号类型	指定信号的类型和方向。有以下信号类型： ◇ Digital ◇ Analog ◇ Group
信号名称	指定信号名称。名称中需包含字母和数字并以字母开头（a～z 或 A～Z）。 如果创建多个信号，则会为名称添加由开始索引和步幅指定的数字后缀
信号值	指定信号的原始值
描述	对信号的描述。当创建多个信号时，所有信号使用同一描述
自动复位	指定该信号拥有瞬变行为。这仅适用于数字信号，表明信号值自动被重置为 0
信号数量	指定要创建的信号数量
开始索引	当创建多个信号时指定第一个信号的后缀
步幅	当创建多个信号时指定后缀的间隔
最小值	指定模拟信号的最小值。这仅适用于模拟信号
最大值	指定模拟信号的最大值。这仅适用于模拟信号
隐藏	选择属性在 GUI 的属性编辑器和 I/O 仿真器等窗口中是否可见
只读	选择属性在 GUI 的属性编辑器和 I/O 仿真器等窗口中是否可编辑

注意：在编辑现有信号时，只能修改信号值和描述，而其他所有控件都将被锁定。

如果输入值有效，"OK"（确定）按钮可使用，允许创建或更新信号。如果输入值无效，将显示错误图标。

（2）展开子对象信号。使用展开子对象信号对话框，可以添加与子对象中的信号有关联的新 I/O 信号。

表 5 – 13 所列控件可用。

表 5 – 13　展开子对象信号控件参数说明

控件	描　述
信号名称	指定要创建信号的名称。默认情况下与所选子关系信号名称相同
子对象	指定要展开信号所属的子对象
子关系信号	指定子信号

2) I/O 连接

网格中显示了组件中包含的 I/O 连接信息。表 5 – 14 所列控件可用。

表 5 – 14　I/O 连接控件参数说明

控件	描　　述
添加 I/O 连接	打开添加 I/O 连接对话框（表 5 – 15）
编辑	打开编辑 I/O 连接对话框
管理 I/O 连接	打开管理 I/O 连接对话框（表 5 – 16）
删除	删除所选连接
上移/下移	向上或向下移动列表中选中的连接

（1）添加或编辑 I/O 连接。使用添加 I/O 连接对话框，可以创建 I/O 连接或编辑已存在的连接。

表 5 – 15 所列控件可用。

表 5 – 15　添加或编辑 I/O 连接控制参数说明

控件	描　　述
源对象	指定源信号的所有对象
源信号	指定链接的源。该源必须是子组件的输出或当前组件的输入
目标对象	指定目标信号的所有者
目标对象信号	指定连接的目标。目标一定要和源类型一致，是子组件的输入或当前组件的输出
允许循环连接	允许目标信号在同一情景内设置两次

（2）管理 I/O 连接。管理 I/O 连接对话框以图形化的形式显示部件的 I/O 连接。可以添加、删除和编辑连接。仅显示数字信号。

表 5 – 16 所列控件可用。

表 5 – 16　管理 I/O 连接控件参数说明

控件	描　　述
源信号/目标信号	在连接中所需的信号，源信号在左侧，目标信号在右侧。每个信号以所有对象和信号名标识
连接	以箭头的形式显示从源信号到目标信号的连接
逻辑门	指定逻辑运算符和延迟时间，执行在输入信号上的数字逻辑
添加	◇ 添加源：在左侧添加源信号 ◇ 添加目标：在右侧添加目标信号 ◇ 添加逻辑门：在中间添加逻辑门
删除	删除所选的信号、连接或逻辑门

4. "设计"选项卡

"设计"选项卡可显示组件结构的图形视图，包括子组件、内部连接、属性和绑定。智能组件可通过查看屏幕进行组织，其查看位置将随同工作站一并存储。

在"设计"选项卡中，可以执行表 5 – 17 所列操作。

表 5 – 17　"设计"选项卡操作参数说明

操作	描　述
移动子组件及其位置	◇ 单击 "Auto Arrange"（自动排列）可有序地整理组件 ◇ 使用 "缩放" 滑块缩放视图
从图形视图中选择一个组件	连接和绑定均以彩色编码并突出显示以避免混淆。 默认情况下，"显示绑定" "显示连接" 和 "显示未使用" 复选框处于选中状态 ◇ 取消选中 "显示绑定" 复选框可隐藏绑定 ◇ 取消选中 "显示连接" 复选框可隐藏连接 ◇ 取消选中 "显示未使用" 复选框可隐藏未使用的组件
创建连接和绑定	（1）选择源信号或属性。此时光标显示为笔状 （2）将光标拖放至目标信号或属性上方 如果目标有效，将创建连接和绑定。 如果目标无效，光标将变为 "禁止" 符号

5.3.3　ABB RobotStudio 软件中子组件的基本概览

基础组件表示一整套的基本构成块组件。它们可被用来组成完成更复杂动作的用户定义 Smart 组件。

下面列出了可用的基本 Smart 组件，并在下面详细描述。

1. 信号和属性

1）LogicGate

Output 信号由 InputA 和 InputB 这两个信号的 Operator 中指定的逻辑运算设置，延迟在 Delay 中指定，如表 5 – 18 和表 5 – 19 所列。

表 5 – 18　信号与属性参数说明

属性	描　述
Operator	使用的逻辑运算的运算符。 以下列出了各种运算符： ◇ AND ◇ OR ◇ XOR ◇ NOT ◇ NOP
Delay	输出信号延迟的时间

表 5-19　信号与属性信号参数说明

信号	描述
InputA	第一个输入信号
InputB	第二个输入信号
Output	逻辑运算的结果

2）LogicExpression

评估逻辑表达式，如表 5-20 和表 5-21 所列。

表 5-20　LogicExpression 属性参数说明

属性	描述
String	要评估的表达式
Operator	以下列出了各种运算符： ◇　AND ◇　OR ◇　NOT ◇　XOR

表 5-21　LogicExpression 信号参数说明

信号	描述
结果	包含评估结果

3）LogicMux

依照 Output =（Input A * NOT Selector）+（Input B * Selector）设定 Output，如表 5-22 所列。

表 5-22　LogicMux 信号参数说明

信号	描述
Selector	当为低时，选中第一个输入信号 当为高时，选中第二个输入信号
InputA	指定第一个输入信号
InputB	指定第二个输入信号
Output	指定运算结果

4）LogicSplit

LogicSplit 获得 Input 并将 OutputHigh 设为与 Input 相同，将 OutputLow 设为与 Input 相反。

Input 设为 High 时, PulseHigh 发出脉冲; Input 设为 Low 时, PulseLow 发出脉冲。LogicSplit 信号参数说明见表 5 - 23。

表 5 - 23 LogicSplit 信号参数说明

信号	描述
Input	指定输入信号
OutputHigh	当 Input 为 1 时转为 High (1)
OutputLow	当 Input 为 1 时转为 Low (0)
PulseHigh	当 Input 设为 High 时发送脉冲
PulseLow	当 Input 设为 Low 时发送脉冲

5) LogicSRLatch

LogicSRLatch 有一种稳定状态。

(1) 当 Set = 1、Output = 0 并且 InvOutput = 1 时。

(2) 当 Reset = 1, Output = 0 并且 InvOutput = 1 时, LogicSRLatch 信号参数说明见表 5 - 24。

表 5 - 24 LogicSRLatch 信号参数说明

信号	描述
Set	设置输出信号
Reset	复位输出信号
Output	指定输出信号
InvOutput	指定反转输出信号

6) Converter

在属性值和信号值之间转换, 其参数说明见表 5 - 25 和表 5 - 26。

表 5 - 25 Converter 属性参数说明

属性	描述
AnalogProperty	转换为 AnalogOutput
DigitalProperty	转换为 DigitalOutput
GroupProperty	转换为 GroupOutput
BooleanProperty	由 DigitalInput 转换为 DigitalOutput

表 5 – 26　Converter 信号参数说明

信号	描　述
DigitalInput	转换为 DigitalProperty
DigitalOutput	由 DigitalProperty 转换
AnalogInput	转换为 AnalogProperty
AnalogOutput	由 AnalogProperty 转换
GroupInput	转换为 GroupProperty
GroupOutput	由 GroupProperty 转换

7）VectorConverter

在 Vector3 和 *X*、*Y*、*Z* 值之间转换，其参数说明见表 5 – 27。

表 5 – 27　VectorConverter 属性参数说明

属性	描　述
X	指定 Vector 的 *X* 值
Y	指定 Vector 的 *Y* 值
Z	指定 Vector 的 *Z* 值
Vector	指定向量值

8）Expression

表达式包括数字字符（包括 PI）、圆括号、数学运算符 +、−、*、/、^（幂）和数学函数 sin、cos、sqrt、atan、abs。任何其他字符串被视作变量，作为添加的附加信息，结果将显示在 Result 框中。其参数说明见表 5 – 28。

表 5 – 28　Expression 信号参数说明

信号	描　述
Expression	指定要计算的表达式
Result	显示计算结果
NNN	指定自动生成的变量

9）Count

设置输入信号 Increase 时，Count 增加；设置输入信号 Decrease 时，Count 减少；设置输入信号 Reset 时，Count 被重置。其参数说明见表 5 – 29 和表 5 – 30。

表 5 – 29　Count 属性参数说明

属性	描　述
Count	指定当前值

表 5 – 30　Count 信号参数说明

信号	描述
Increase	当该信号设为 True 时，将在 Count 中加 1
Decrease	当该信号设为 True 时，将在 Count 中减 1
Reset	当 Reset 设为 High 时，将 Count 复位为 0

10）Comparer

Comparer 使用 Operator 对第一个值和第二个值进行比较。当满足条件时将 Output 设为 1。其参数说明见表 5 – 31 和表 5 – 32。

表 5 – 31　Comparer 属性参数说明

属性	描述
ValueA	指定第一个值
ValueB	指定第二个值
Operator	指定比较运算符。 以下列出了各种运算符： ◇ == ◇ != ◇ > ◇ >= ◇ < ◇ <=

表 5 – 32　Comparer 信号参数说明

信号	描述
Output	当比较结果为 True 时表示为 True；否则为 False

11）Repeater

脉冲 Output 信号的 Count 次数，如表 5 – 33 和表 5 – 34 所列。

表 5 – 33　Repeater 属性参数说明

属性	描述
Count	脉冲输出信号的次数

表 5 – 34　Repeater 信号参数说明

信号	描述
Execute	设置为 High（1）以计算脉冲输出信号的次数
Output	输出脉冲

12）Timer

Timer 以指定间隔脉冲 Output 信号。

如果未选中 Repeat，在 Interval 中指定的间隔后将触发一个脉冲；如果选中 Repeat，在 Interval 指定的间隔后重复触发脉冲。参数说明如表 5－35 和表 5－36 所列。

表 5－35　Timer 属性参数说明

属性	描　　述
StartTime	指定触发第一个脉冲前的时间
Interval	指定每个脉冲间的仿真时间
Repeat	指定信号是重复还是仅执行一次
CurrentTime	指定当前仿真时间

表 5－36　Timer 信号参数说明

信号	描　　述
Active	将该信号设为 True 时启用 Timer，设为 False 时则停用 Timer
Output	在指定时间间隔发出脉冲

13）StopWatch

StopWatch 计量了仿真的时间（TotalTime）。触发 Lap 输入信号将开始新的循环。Lap-Time 显示当前单圈循环的时间。只有 Active 设为 1 时才开始计时。当设置 Reset 输入信号时，时间将被重置。参数说明如表 5－37 和表 5－38 所列。

表 5－37　StopWatch 属性参数说明

属性	描　　述
TotalTime	指定累计时间
LapTime	指定当前单圈循环的时间
AutoReset	如果是 True，当仿真开始时 TotalTime 和 LapTime 将被设置为 0

表 5－38　StopWatch 信号参数说明

信号	描　　述
Active	设为 True 时启用 StopWatch，设为 False 时停用 StopWatch
Reset	当该信号为 High 时，将重置 TotalTime 和 LapTime
Lap	开始新的循环

2. 参数建模

1）ParametricBox

ParametricBox 生成一个指定长度、宽度和高度尺寸的矩形框，其参数说明见表 5 – 39 和表 5 – 40。

表 5 – 39   ParametricBox 属性参数说明

属性	描　述
SizeX	沿 X 轴方向指定该盒形固体的长度
SizeY	沿 Y 轴方向指定该盒形固体的宽度
SizeZ	沿 Z 轴方向指定该盒形固体的高度
GeneratedPart	指定生成的部件
KeepGeometry	设置为 False 时将删除生成部件中的几何信息，这样可以使其他组件（如 Source）执行得更快

表 5 – 40   ParametricBox 信号参数说明

信号	描　述
Update	设置该信号为 1 时更新生成的部件

2）ParametricCircle

ParametricCircle 根据给定的半径生成一个圆，其参数说明见表 5 – 41 和表 5 – 42。

表 5 – 41   ParametricCircle 属性参数说明

属性	描　述
Radius	指定圆周的半径
GeneratedPart	指定生成的部件
GeneratedWire	指定生成的线框
KeepGeometry	设置为 False 时将删除生成部件中的几何信息，这样可以使其他组件（如 Source）执行更快

表 5 – 42   ParametricCircle 信号参数说明

信号	描　述
Update	设置该信号为 1 时更新生成的部件

3）ParametricCylinder

ParametricCylinder 根据给定的 Radius 和 Height 生成一个圆柱体，其参数说明见表 5 – 43 和表 5 – 44。

表 5 – 43　ParametricCylinder 属性参数说明

属性	描　　述
Radius	指定圆柱半径
GeneratedPart	指定圆柱高
GeneratedWire	指定生成的部件
KeepGeometry	设置为 False 时将删除生成部件中的几何信息，这样可以使其他组件（如 Source）执行得更快

表 5 – 44　ParametricCylinder 信号参数说明

信号	描　　述
Update	设置该信号为 1 时更新生成的部件

4）ParametricLine

ParametricLine 根据给定端点和长度生成线段。如果端点或长度发生变化，生成的线段将随之更新，其参数说明见表 5 – 45 和表 5 – 46。

表 5 – 45　ParametricLine 属性参数说明

属性	描　　述
EndPoint	指定线段的端点
Length	指定线段的长度
GeneratedPart	指定生成的部件
GeneratedWire	指定生成的线框
KeepGeometry	设置为 False 时将删除生成部件中的几何信息，这样可以使其他组件（如 Source）执行得更快

表 5 – 46　ParametricLine 信号参数说明

信号	描　　述
Update	设置该信号为 1 时更新生成的部件

5）LinearExtrusion

LinearExtrusion 沿着 Projection 指定的方向拉伸 SourceFace 或 SourceWire，其参数说明见表 5 – 47。

表 5 – 47　LinearExtrusion 属性参数说明

属性	描　　述
SourceFace	指定要拉伸的面
SourceWire	指定要拉伸的线

续表

属性	描　述
Projection	指定要拉伸的方向
GeneratedPart	指定生成的部件
KeepGeometry	设置为 False 时将删除生成部件中的几何信息，这样可以使其他组件（如 Source）执行得更快

6）CircularRepeater

CircularRepeater 根据给定的 DeltaAngle 沿 SmartComponent 的中心创建一定数量的 Source 的副本，其参数说明见表 5 – 48。

表 5 – 48　CircularRepeater 属性参数说明

属性	描　述
Source	指定要复制的对象
Count	指定要创建的副本的数量
Radius	指定圆周的半径
DeltaAngle	指定副本间的角度

7）LinearRepeater

LinearRepeater 根据 Offset 给定的间隔和方向创建一定数量的 Source 的副本，其参数说明见表 5 – 49。

表 5 – 49　LinearRepeater 属性参数说明

属性	描　述
Source	指定要复制的对象
Offset	指定副本间的距离
Count	指定要创建的副本数量

8）MatrixRepeater

MatrixRepeater 在三维环境中以指定的间隔创建指定数量的 Source 的副本，其参数说明见表 5 – 50。

表 5 – 50　MatrixRepeater 属性参数说明

属性	描　述
Source	指定要复制的对象
CountX	指定在 X 轴方向上副本的数量

续表

属性	描 述
CountY	指定在 Y 轴方向上副本的数量
CountZ	指定在 Z 轴方向上副本的数量
OffsetX	指定在 X 轴方向上副本间的偏移
OffsetY	指定在 Y 轴方向上副本间的偏移
OffsetZ	指定在 Z 轴方向上副本间的偏移

3. 传感器

1）CollisionSensor

CollisionSensor 检测第一个对象和第二个对象间的碰撞和接近丢失。如果其中一个对象没有指定，将检测另一个对象在整个工作站中的碰撞。当 Active 信号为 High、发生碰撞或接近丢失并且组件处于活动状态时，设置 SensorOut 信号并在属性编辑器的第一个碰撞部件和第二个碰撞部件中报告发生碰撞或接近丢失的部件。其参数说明见表 5 – 51 和表 5 – 52。

表 5 – 51 CollisionSensor 属性参数说明

属性	描 述
Object1	检测碰撞的第一个对象
Object2	检测碰撞的第二个对象
NearMiss	指定接近丢失的距离
Part1	第一个对象发生碰撞的部件
Part2	第二个对象发生碰撞的部件
CollisionType	◇ None ◇ Near miss ◇ Collision

表 5 – 52 CollisionSensor 信号参数说明

信号	描 述
Active	指定 CollisionSensor 是否激活
SensorOut	当发生碰撞或接近丢失时为 True

2）LineSensor

LineSensor 根据 Start、End 和 Radius 定义一条线段。当 Active 信号为 High 时，传感器将检测与该线段相交的对象。相交的对象显示在 ClosestPart 属性中，距线传感器起点最近的相交点显示在 ClosestPoint 属性中。出现相交时，会设置 SensorOut 输出信号，其参数说明见表 5 – 53 和表 5 – 54。

表 5 - 53　LineSensor 属性参数说明

属性	描述
Start	指定起始点
End	指定结束点
Radius	指定半径
SensedPart	指定与 LineSensor 相交的部件。 如果有多个部件相交, 则列出距起始点最近的部件
SensedPoint	指定相交对象上的点, 距离起始点最近

表 5 - 54　LineSensor 信号参数说明

信号	描述
活动	指定 LineSensor 是否激活
SensorOut	当 Sensor 与某一对象相交时为 True

3）PlaneSensor

PlaneSensor 通过 Origin、Axis1 和 Axis2 定义平面。设置 Active 输入信号时, 传感器会检测与平面相交的对象。相交的对象将显示在 SensedPart 属性中。出现相交时, 将设置 SensorOut 输出信号, 其参数说明见表 5 - 55 和表 5 - 56。

表 5 - 55　PlaneSensor 属性参数说明

属性	描述
Origin	指定平面的原点
Axis1	指定平面的第一个轴
Axis2	指定平面的第二个轴
SensedPart	指定与 PlaneSensor 相交的部件。 如果多个部件相交, 则在布局浏览器中第一个显示的部件将被选中

表 5 - 56　PlaneSensor 信号参数说明

信号	描述
Active	指定 PlaneSensor 是否被激活
SensorOut	当 Sensor 与某一对象相交时为 True

4）VolumeSensor

VolumeSensor 检测完全或部分位于箱形体积内的对象。体积用角点、边长、边高、边宽和方位角定义, 其参数说明见表 5 - 57 和表 5 - 58。

表 5-57 VolumeSensor 信号参数说明

信号	描述
Active	若设为"高（1）"，将激活传感器
ObjectDetectedOut	当在体积内检测到对象时，将变为"高（1）"。在检测到对象后，将立即被重置
ObjectDeletedOut	当检测到对象离开体积时，将变为"高（1）"。在对象离开体积后，将立即被重置
SensorOut	当体积被充满时，将变为"高（1）"

表 5-58 VolumeSensor 属性参数说明

属性	描述
CornerPoint	指定箱体的本地原点
Orientation	指定对象相对于参考坐标和对象的方向（Euler ZYX）
Length	指定箱体的长度
Width	指定箱体的宽度
Height	指定箱体的高度
Percentage	作出反应的体积百分比。若设为0，则对所有对象作出反应
PartialHit	允许仅当对象的一部分位于体积传感器内时才侦测对象
SensedPart	最近进入或离开体积的对象
SensedPart	在体积中侦测到的对象
VolumeSensed	侦测的总体积

5）PositionSensor

PositionSensor 监视对象的位置和方向。对象的位置和方向仅在仿真期间被更新，其参数说明见表 5-59。

表 5-59 PositionSensor 属性参数说明

属性	描述
Object	指定要进行映射的对象
Reference	指定参考坐标系（Parent 或 Global）
ReferenceObject	如果将 Reference 设置为 Object，指定参考对象
Position	指定对象相对于参考坐标和对象的位置
Orientation	指定对象相对于参考坐标和对象的方向（Euler ZYX）

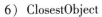

6）ClosestObject

ClosestObject 定义了参考对象或参考点。设置 Execute 信号时，组件会找到 ClosestObject、ClosestPart 和相对于参考对象或参考点的 Distance（如未定义参考对象）。如果定义了 RootObject，则会将搜索的范围限制为该对象和其同源的对象。完成搜索并更新了相关属性时，将设置 Executed 信号，其参数说明见表 5 – 60 和表 5 – 61。

表 5 – 60　ClosestObject 属性参数说明

属性	描　述
ReferenceObject	指定对象，查找距该对象最近的对象
ReferencePoint	指定点，查找距该点最近的对象
RootObject	指定对象查找其子对象。 该属性为空表示整个工作站
ClosestObject	指定距参考对象或参考点最近的对象
ClosestPart	指定距参考对象或参考点最近的部件
Distance	指定参考对象和最近的对象之间的距离

表 5 – 61　ClosestObject 信号参数说明

信号	描　述
Execute	设该信号为 True 时开始查找最近的部件
Executed	当完成时发出脉冲

4. 动作

1）Attacher

设置 Execute 信号时，Attacher 将 Child 安装到 Parent 上。如果 Parent 为机械装置，还必须指定要安装的 Flange。设置 Execute 输入信号时，子对象将安装到父对象上。如果选中 Mount，还会使用指定的 Offset 和 Orientation 将子对象装配到父对象上。完成时，将设置 Executed 输出信号，其参数说明见表 5 – 62 和表 5 – 63。

表 5 – 62　Attacher 属性参数说明

属性	描　述
Parent	指定子对象要安装在哪个对象上
Flange	指定要安装在机械装置的哪个法兰上（编号）
Child	指定要安装的对象
Mount	如果为 True，则子对象装配在父对象上
Offset	当使用 Mount 时，指定相对于父对象的位置
Orientation	当使用 Mount 时，指定相对于父对象的方向

表 5 - 63　Attacher 信号参数说明

信号	描　述
Execute	设为 True 时进行安装
Executed	当完成时发出脉冲

2）Detacher

设置 Execute 信号时，Detacher 会将 Child 从其所安装的父对象上拆除。如果选中了 KeepPosition，位置将保持不变；否则相对于其父对象放置子对象的位置。完成时，将设置 Executed 信号，其参数说明见表 5 - 64 和表 5 - 65。

表 5 - 64　Detacher 属性参数说明

属性	描　述
Child	指定要拆除的对象
KeepPosition	如果为 False，被安装的对象将返回其原始的位置

表 5 - 65　Detacher 信号参数说明

信号	描　述
Execute	设该信号为 True 时移除安装的物体
Executed	当完成时发出脉冲

3）Source

源组件的 Source 属性表示在收到 Execute 输入信号时应复制的对象。所复制对象的父对象由 Parent 属性定义，而 Copy 属性则指定对所复制对象的参考。输出信号 Executed 表示复制已完成，其参数说明见表 5 - 66 和表 5 - 67。

表 5 - 66　Source 属性参数说明

属性	描　述
Source	指定要复制的对象
Copy	指定复制
Parent	指定要复制的父对象。 如果未指定，则将复制与源对象相同的父对象
Position	指定复制相对于其父对象的位置
Orientation	指定复制相对于其父对象的方向
Transient	如果在仿真时创建了副本，将其标识为瞬时的。这样的副本不会被添加至撤销队列中且在仿真停止时自动被删除。这样可以避免在仿真过程中过分消耗内存

表 5 – 67　Source 信号参数说明

信号	描　述
Execute	设该信号为 True 时创建对象的副本
Executed	当完成时发出脉冲

4）Sink

Sink 会删除 Object 属性参考的对象，收到 Execute 输入信号时开始删除。删除完成时设置 Executed 输出信号。其参数说明见表 5 – 68 和表 5 – 69。

表 5 – 68　Sink 属性参数说明

属性	描　述
Object	指定要移除的对象

表 5 – 69　Sink 信号参数说明

信号	描　述
Execute	设该信号为 True 时移除对象
Executed	当完成时发出脉冲

5）Show

设置 Execute 信号时，将显示 Object 中参考的对象。完成时，将设置 Executed 信号。其参数说明见表 5 – 70 和表 5 – 71。

表 5 – 70　Show 属性参数说明

属性	描　述
Object	指定要显示的对象

表 5 – 71　Show 信号参数说明

信号	描　述
Execute	设该信号为 True 时显示对象
Executed	当完成时发出脉冲

6）Hide

设置 Execute 信号时，将隐藏 Object 中参考的对象。完成时，将设置 Executed 信号。其参数说明见表 5 – 72 和表 5 – 73。

表 5 – 72　Hide 属性参数说明

属性	描　述
Object	指定要隐藏的对象

表 5 – 73　Hide 信号参数说明

信号	描　述
Execute	设置该信号为 True 时隐藏对象
Executed	当完成时发出脉冲

5. 本体

1）LinearMover

LinearMover 会按 Speed 属性指定的速度，沿 Direction 属性中指定的方向，移动 Object 属性中参考的对象。设置 Execute 信号时开始移动，重设 Execute 时停止。其参数说明见表 5 – 74 和表 5 – 75。

表 5 – 74　LinearMover 属性参数说明

属性	描　述
Object	指定要移动的对象
Direction	指定要移动对象的方向
Speed	指定移动速度
Reference	指定参考坐标系，可以是 Global、Local 或 Object
ReferenceObject	如果将 Reference 设置为 Object，指定参考对象

表 5 – 75　LinearMover 信号参数说明

信号	描　述
Execute	将该信号设为 True 以开始旋转对象，设为 False 时则停止

2）Rotator

Rotator 会按 Speed 属性指定的旋转速度旋转 Object 属性中参考的对象。旋转轴通过 CenterPoint 和 Axis 进行定义。设置 Execute 输入信号时开始运动，重设 Execute 时停止运动。其参数说明见表 5 – 76 和表 5 – 77。

表 5 – 76　Rotator 属性参数说明

属性	描　述
Object	指定要旋转的对象
CenterPoint	指定旋转围绕的点
Axis	指定旋转轴
Speed	指定旋转速度
Reference	指定参考坐标系，可以是 Global、Local 或 Object
ReferenceObject	如果将 Reference 设置为 Object，指定相对于 CenterPoint 和 Axis 的对象

表 5 – 77　Rotator 信号参数说明

信号	描　述
Execute	将该信号设为 True 时开始旋转对象，设为 False 时则停止

3）Positioner

Positioner 具有对象、位置和方向属性。设置 Execute 信号时，开始将对象向相对于 Reference 的给定位置移动。完成时设置 Executed 输出信号。其参数说明见表 5 – 78 和表 5 – 79。

表 5 – 78　Positioner 属性参数说明

属性	描　述
Object	指定要放置的对象
Position	指定对象要放置到的新位置
Orientation	指定对象的新方向
Reference	指定参考坐标系，可以是 Global、Local 或 Object
ReferenceObject	如果将 Reference 设置为 Object，指定相对于 Position 和 Orientation 的对象

表 5 – 79　Positioner 信号参数说明

信号	描　述
Execute	将该信号设为 True 时开始旋转对象，设为 False 时则停止
Executed	当操作完成时设为 1

4）PoseMover

PoseMover 包含 Mechanism、Pose 和 Duration 等属性。设置 Execute 输入信号时，机械装置的关节值移向给定姿态。达到给定姿态时，设置 Executed 输出信号。其参数说明见表 5 – 80 和表 5 – 81。

表 5 – 80　PoseMover 属性参数说明

属性	描　述
Mechanism	指定要进行移动的机械装置
Pose	指定要移动到的姿势的编号
Duration	指定机械装置移动到指定姿态的时间

表 5 – 81　PoseMover 信号参数说明

信号	描　述
Execute	设为 True 时开始或重新开始移动机械装置
Pause	暂停动作

信号	描　述
Cancel	取消动作
Executed	当机械装置达到位姿时脉冲为 High
Executing	在运动过程中为 High
Paused	当暂停时为 High

5）JointMover

JointMover 包含 Mechanism、Relative 和 Duration 等属性。当设置 Execute 信号时，机械装置的关节向给定的位姿移动。当达到位姿时，将设置 Executed 输出信号。使用 GetCurrent信号可以重新找回机械装置当前的关节值。其参数说明见表 5 – 82 和表 5 – 83。

表 5 – 82　JointMover 属性参数说明

属性	描　述
Mechanism	指定要进行移动的机械装置
Relative	指定 J1 – Jx 是否是起始位置的相对值，而非绝对关节值
Duration	指定机械装置移动到指定姿态的时间
J1 – Jx	关节值

表 5 – 83　JointMover 信号参数说明

信号	描　述
GetCurrent	重新找回当前关节值
Execute	设为 True 时开始或重新开始移动机械装置
Pause	暂停动作
Cancel	取消运动
Executed	当机械装置达到位姿时脉冲为 High
Executing	在运动过程中为 High
Paused	当暂停时为 High

6. 其他

1）Queue

表示 FIFO（First In, First Out）队列。当信号 Enqueue 被设置时，在 Back 中的对象将被添加到队列。队列前端对象将显示在 Front 中。当设置 Dequeue 信号时，Front 对象将从队列中移除。如果队列中有多个对象，下一个对象将显示在前端。当设置 Clear 信号时，队列中所有对象将被删除。

如果 Transformer 组件以 Queue 组件作为对象，该组件将转换 Queue 组件中的内容而非

Queue 组件本身。其参数说明见表 5 – 84 和表 5 – 85。

表 5 – 84　Queue 属性参数说明

属性	描　　述
Back	指定 Enqueue 的对象
Front	指定队列的第一个对象
Queue	包含队列元素的唯一 ID 编号
NumberOfObjects	指定队列中的对象数目

表 5 – 85　Queue 信号参数说明

信号	描　　述
Enqueue	将在 Back 中的对象添加至队列末尾
Dequeue	将队列前端的对象移除
Clear	将队列中所有对象移除
Delete	将在队列前端的对象移除并将该对象从工作站移除
DeleteAll	清空队列并将所有对象从工作站中移除

2）ObjectComparer

比较 ObjectA 是否与 ObjectB 相同，其参数说明见表 5 – 86 和表 5 – 87。

表 5 – 86　ObjectComparer 属性参数说明

属性	描　　述
ObjectA	指定要进行对比的组件
ObjectB	指定要进行对比的组件

表 5 – 87　ObjectComparer 信号参数说明

信号	描　　述
Output	如果两对象相等则为 High

3）GraphicSwitch

通过点击图形中的可见部件或设置重置输入信号在两个部件之间转换，其参数说明见表 5 – 88 和表 5 – 89。

表 5 – 88　GraphicSwitch 属性参数说明

属性	描　　述
PartHigh	在信号为 High 时显示
PartLow	在信号为 Low 时显示

表 5 – 89　GraphicSwitch 信号参数说明

信号	描　述
Input	输入信号
Output	输出信号

4）Highlighter

临时将所选对象显示为定义了 RGB 值的高亮色彩。高亮色彩混合了对象的原始色彩，通过 Opacity 进行定义。当信号 Active 被重设时，对象恢复原始颜色。其参数说明见表 5 – 90 和表 5 – 91。

表 5 – 90　Highlighter 属性参数说明

属性	描　述
Object	指定要高亮显示的对象
Color	指定高亮颜色的 RGB 值
Opacity	指定对象原始颜色和高亮颜色混合的程度

表 5 – 91　Highlighter 信号参数说明

信号	描　述
Active	当为 True 时将高亮显示；当为 False 时恢复为原始颜色

5）MoveToViewPoint

当设置输入信号 Execute 时，在指定时间内移动到选中的视角。当操作完成时，设置输出信号 Executed。其参数说明见表 5 – 92 和表 5 – 93。

表 5 – 92　MoveToViewPoint 属性参数说明

属性	描　述
Viewpoint	指定要移动到的视角
Time	指定完成操作的时间

表 5 – 93　MoveToViewPoint 信号参数说明

信号	描　述
Execute	设该信号为 High（1）时开始操作
Executed	当操作完成时该信号转为 High（1）

6）Logger

打印输出窗口的信息，其参数说明见表 5 – 94 和表 5 – 95。

表 5 – 94　Logger 属性参数说明

属性	描　述
Format	字符串。 支持变量如 {id：type}，类型可以为 d（double）、i（int）、s（string）、o（object）
Message	信息
Severity	信息级别：0（Information）；1（Warning）；2（Error）

表 5 – 95　Logger 信号参数说明

信号	描　述
Execute	设该信号为 High（1）时打印信息

7）SoundPlayer

当输入信号被设置时播放使用 SoundAsset 指定的声音文件，必须为 .wav 类型文件，其参数说明见表 5 – 96 和表 5 – 97。

表 5 – 96　SoundPlayer 属性参数说明

属性	描　述
SoundAsset	指定要播放的声音文件，必须为 .wav 类型文件

表 5 – 97　SoundPlayer 信号参数说明

信号	描　述
Execute	设该信号为 High 时播放声音

8）Random

当 Execute 被触发时，生成最大值、最小值间的任意值，其参数说明见表 5 – 98 和表 5 – 99。

表 5 – 98　Random 属性参数说明

属性	描　述
Min	指定最小值
Max	指定最大值
Value	在最大值和最小值之间任意指定一个值

表 5 – 99　Random 信号参数说明

信号	描　述
Execute	设该信号为 High 时生成新的任意值
Executed	当操作完成时该信号转为 High（1）

9）StopSimulation

当设置了输入信号 Execute 时停止仿真，其参数说明见表 5 – 100。

表 5 – 100　StopSimulation 信号参数说明

信号	描　　述
Execute	设该信号为 High 时停止仿真

5.4　任务实现

任务 1　使用 Smart 组件创建动态输送链

首先解压 KRTRobot_simulat_4A 工作站，如图 5 – 1 所示（工作站保存路径：工业机器人仿真与离线编程/ABB/项目 4）。

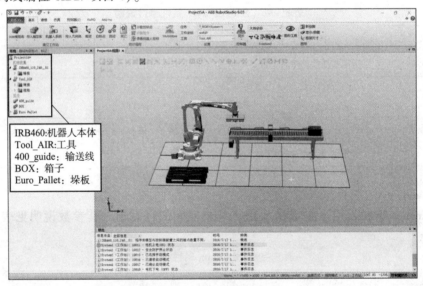

IRB460:机器人本体
Tool_AIR:工具
400_guide：输送线
BOX：箱子
Euro_Pallet：垛板

图 5 – 1　KRTRobot_simulat_4A 工作站

1. 建立流水线 Smart 组件"St_Line"
建立流水线 Smart 组件，如图 5 – 2 和图 5 – 3 所示。

2. 设定检测箱子到位传感器
设定检测箱子到位传感器，如图 5 – 4 ～图 5 – 6 所示。

3. 设定输送线产品源
设定输送线产品源的操作，如图 5 – 7 和图 5 – 8 所示。

4. 设定箱子在输送线的运动属性
设定箱子在输送线的运动属性操作，如图 5 – 9 ～图 5 – 11 所示。

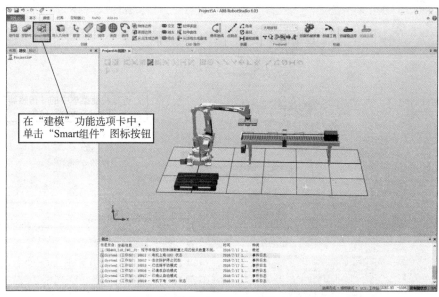

使用 Smart
组件创建动态
输送链（1）

使用 Smart
组件创建动态
输送链（2）

图 5 - 2   单击 "Smart 组件" 图标按钮

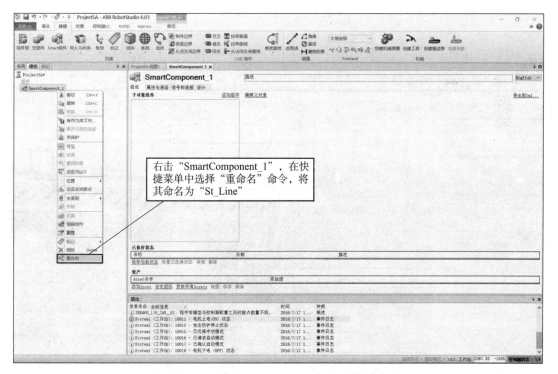

图 5 - 3   将 "SmartComponent_1" 重命名

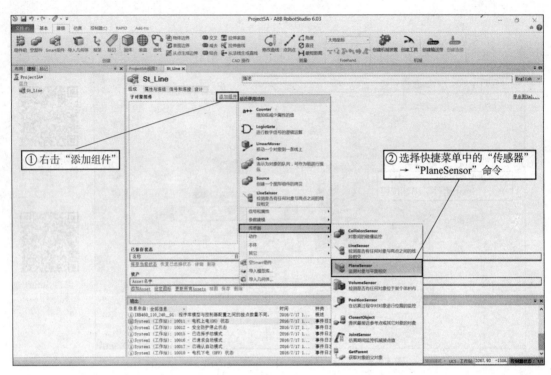

图 5 – 4　添加传感器

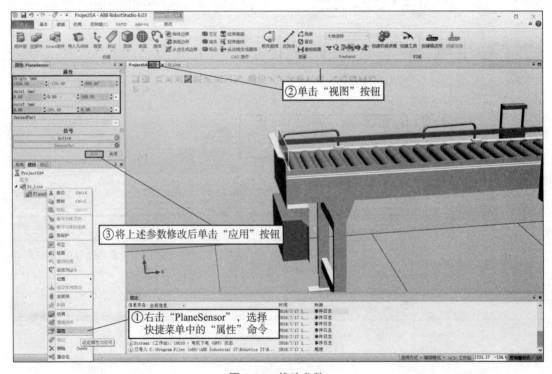

图 5 – 5　修改参数

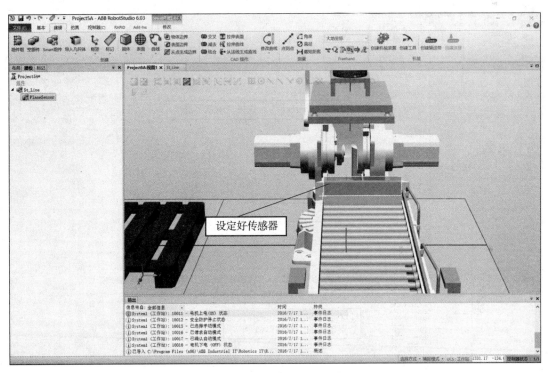

图 5－6　添加传感器

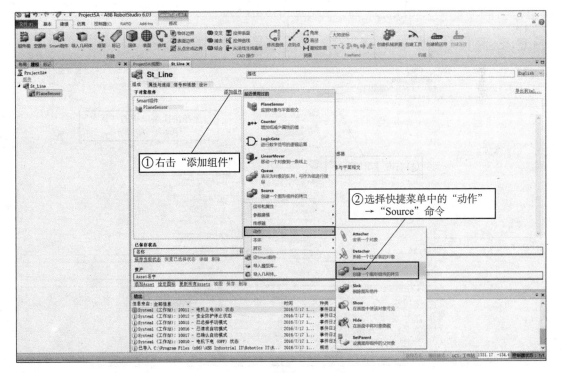

图 5－7　添加 Source

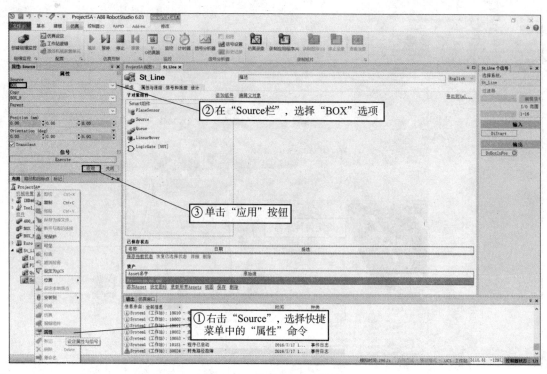

图 5 – 8　设置 Source 属性

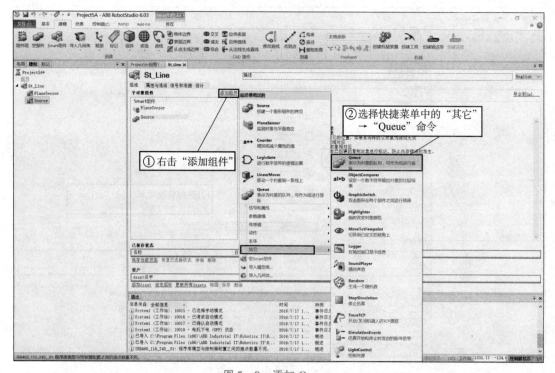

图 5 – 9　添加 Queue

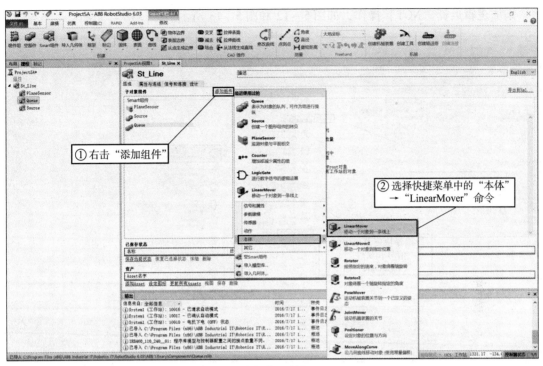

图 5-10 添加 LinearMover

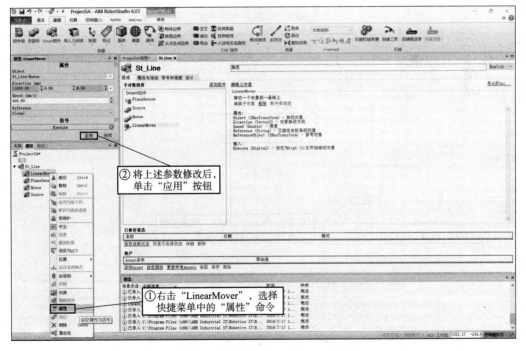

图 5-11 设定 LinearMover 参数

此处 Queue 不需要设置其他属性。

5. 添加逻辑运算"NOT"

添加逻辑运算"NOT"操作,如图 5-12 和图 5-13 所示。

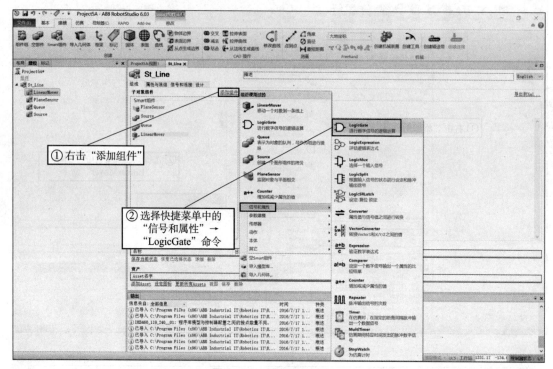

图 5-12　添加 LogicGate

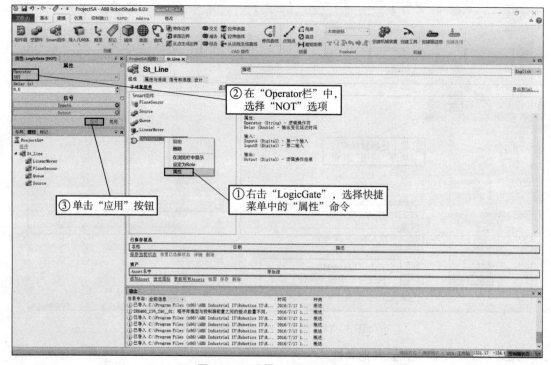

图 5-13　设置 LogicGate 属性

6. 创建属性与连结

创建属性与连结操作，如图 5 – 14 和图 5 – 15 所示。

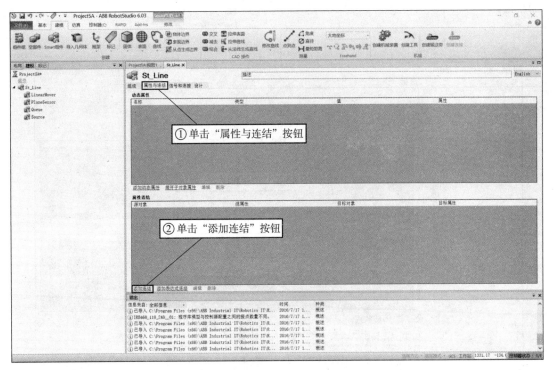

图 5 – 14　单击"添加连结"按钮

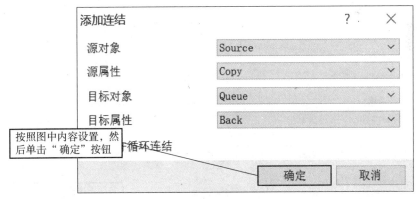

图 5 – 15　设置连结参数

7. 创建信号和连接

创建信号和连接操作，如图 5 – 16 ~ 图 5 – 18 所示。

将图 5 – 19 ~ 图 5 – 26 中的参数，依次添加到 I/O 连接中。

8. 完善"St_Line"并仿真运行

完善"St_Line"操作，如图 5 – 27 和图 5 – 28 所示。

使用 Smart 组件创建动态输送链（3）

使用 Smart 组件创建动态输送链（4）

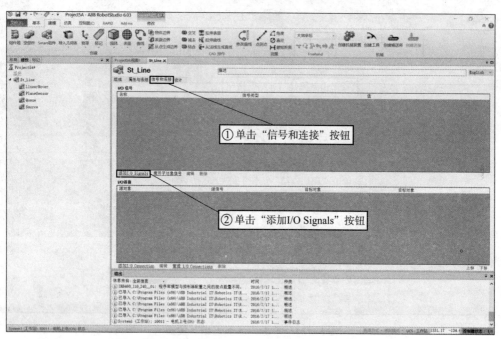

图 5－16　单击"添加 I/O Signals"按钮

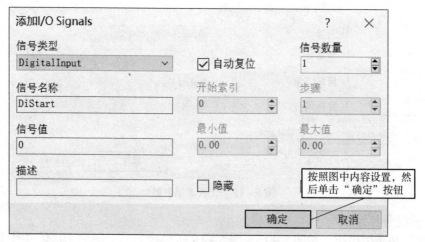

图 5－17　添加输入参数

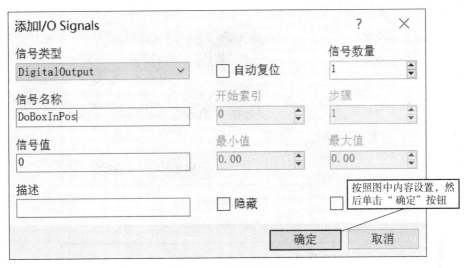

图 5 – 18 添加输出参数

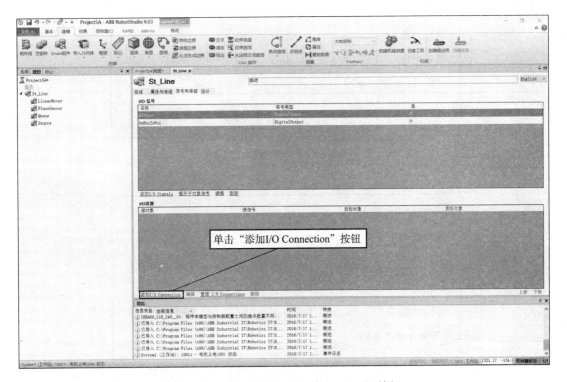

图 5 – 19 单击"添加 I/O Connection"按钮

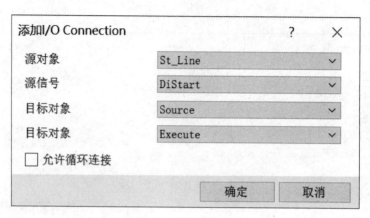

图 5 – 20　添加参数（1）

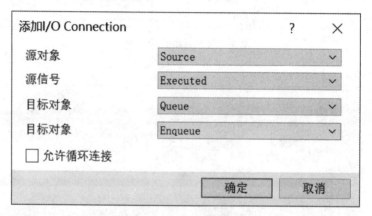

图 5 – 21　添加参数（2）

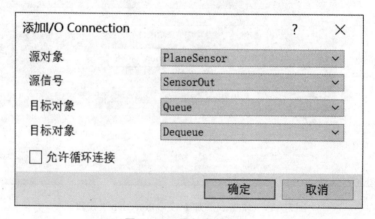

图 5 – 22　添加参数（3）

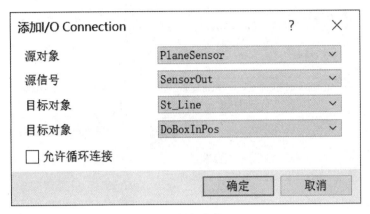

图 5 - 23   添加参数 (4)

添加I/O Connection   ?   ✕

源对象   PlaneSensor   ∨

源信号   SensorOut   ∨

目标对象   LogicGate [NOT]   ∨

目标对象   InputA   ∨

☐ 允许循环连接

确定   取消

图 5 - 24   添加参数 (5)

编辑   ?   ✕

源对象   LogicGate [NOT]   ∨

源信号   Output   ∨

目标对象   Source   ∨

目标对象   Execute   ∨

☐ 允许循环连接

确定   取消

图 5 - 25   添加参数 (6)

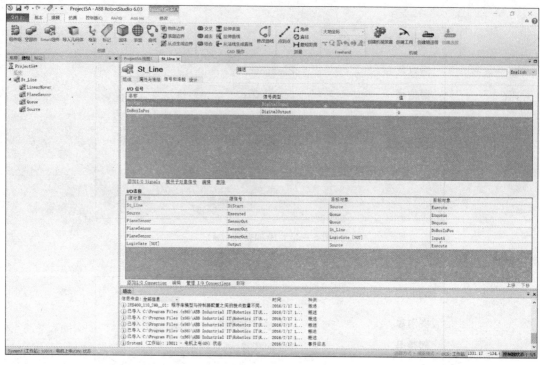

图 5-26　完成添加参数

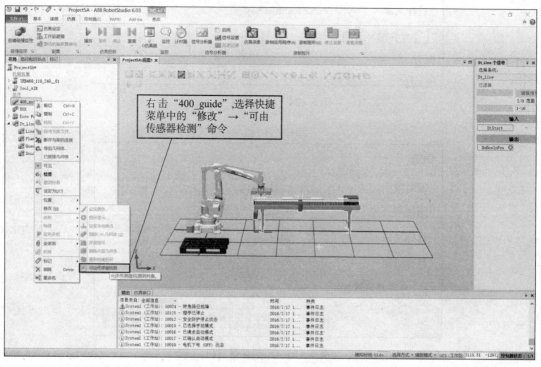

右击"400_guide",选择快捷菜单中的"修改"→"可由传感器检测"命令

图 5-27　选择"可由传感器检测"命令

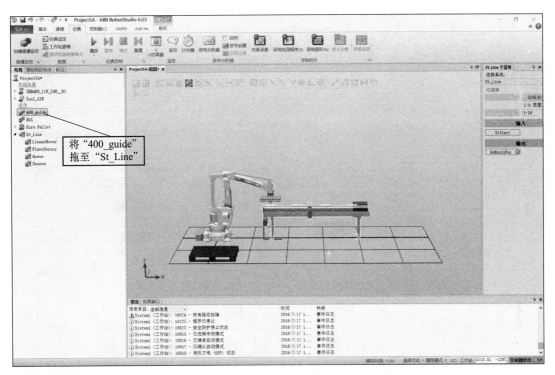

图 5 – 28 将 "400_guide" 拖至 "St_Line"

仿真运行操作，如图 5 – 29 和图 5 – 30 所示。

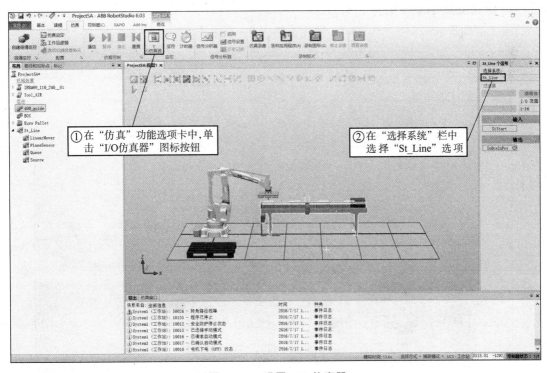

图 5 – 29 设置 I/O 仿真器

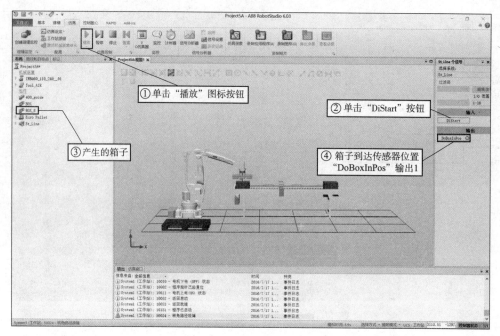

图 5-30 单击"播放"图标按钮

任务 2 使用 Smart 组件创建动态夹具

使用 Smart 组件
创建动态夹具

1. 建立工具 Smart 组件 "St_Tool"

建立工具 Smart 组件 "St_Tool" 操作,如图 5-31~图 5-36 所示。

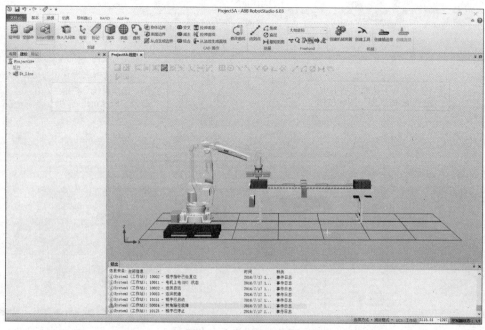

图 5-31 工作站状态

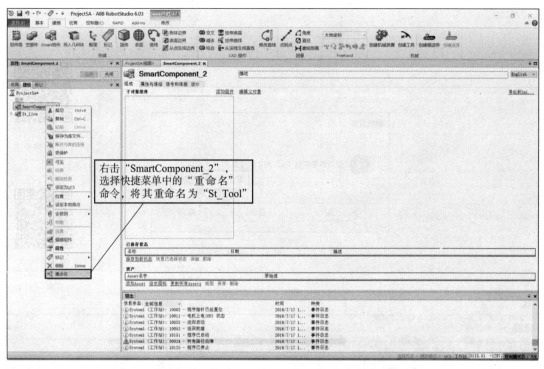

图 5 - 32　修改 "SmartComponent_2" 的名称

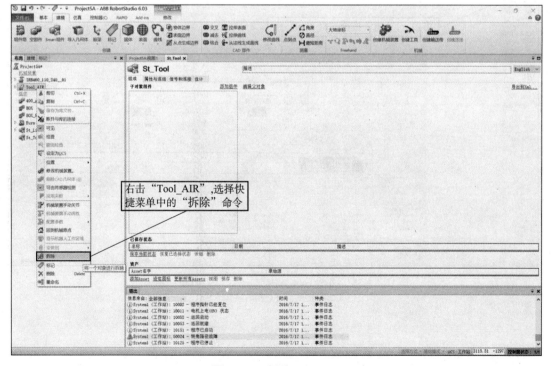

图 5 - 33　拆除 Tool_AIR

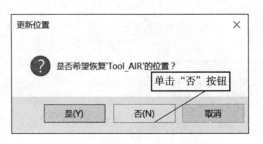

使用 Smart
组件创建动态
夹具（1）

使用 Smart
组件创建动态
夹具（2）

图 5-34　单击"否"按钮

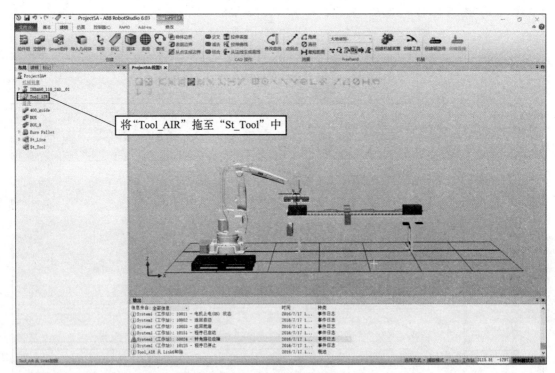

图 5-35　将"Tool_AIR"拖至"St_Tool"中

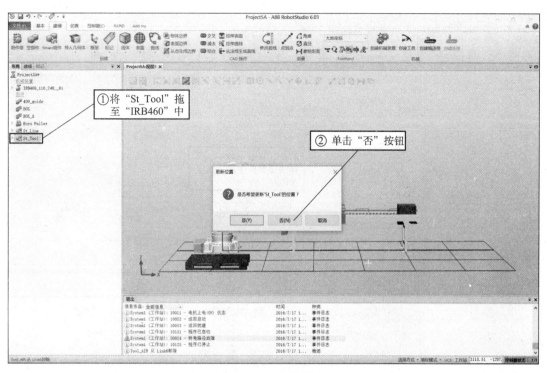

图 5 - 36　将 "St_Tool" 拖至 "IRB460" 中

2. 设定检测到箱子的传感器

设定检测到箱子的传感器操作，如图 5 - 37 ~ 图 5 - 42 所示。

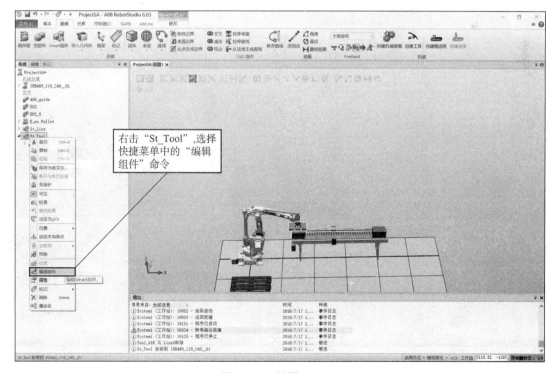

图 5 - 37　编辑 St_Tool

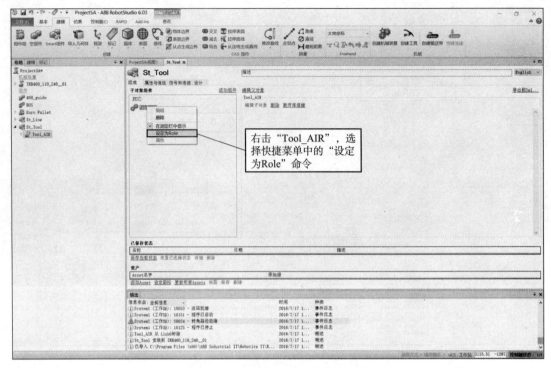

图 5-38　将 Tool_AIR 设定为 Role

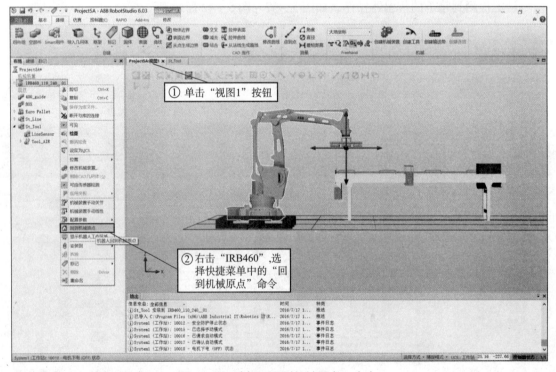

图 5-39　选择"回到机械原点"命令

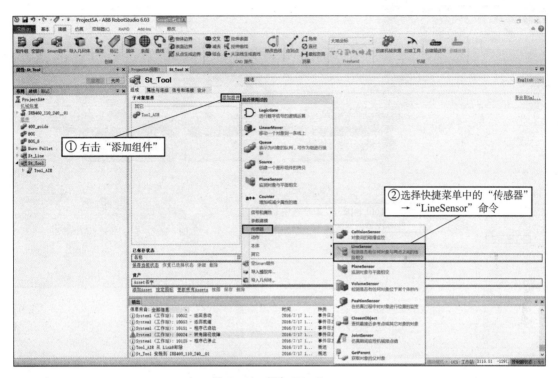

图 5 – 40 添加 LineSensor

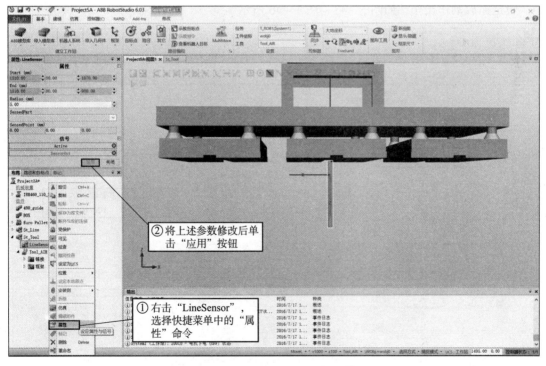

图 5 – 41 设定 LineSensor 属性

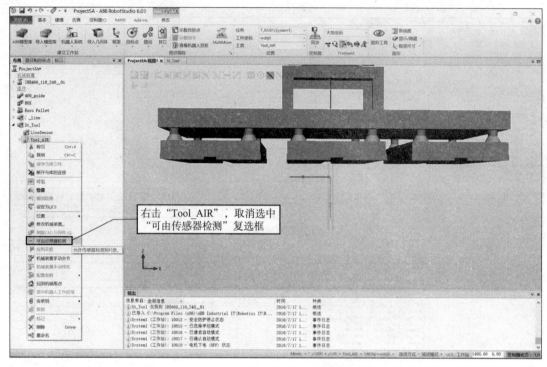

图 5-42 取消选中"可由传感器检测"复选框

3. 设定抓放动作

设定抓放动作操作,如图 5-43 ~ 图 5-46 所示。

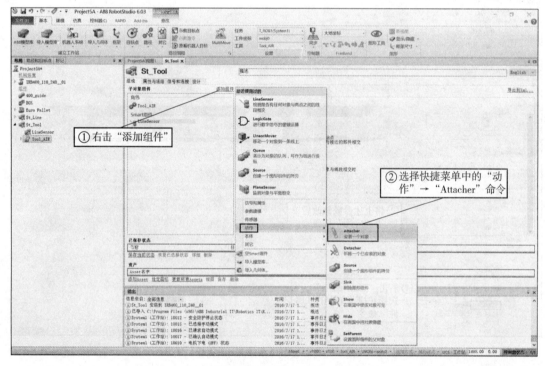

图 5-43 添加 Attacher

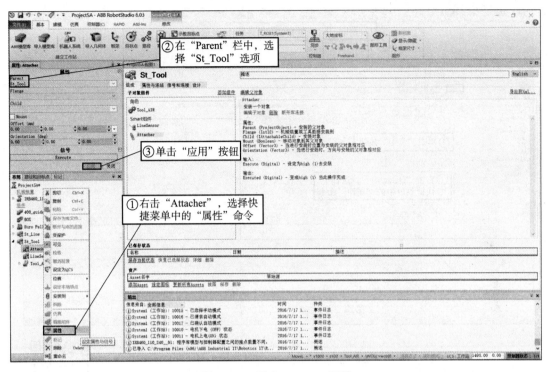

图 5 – 44   设定 Attacher 属性

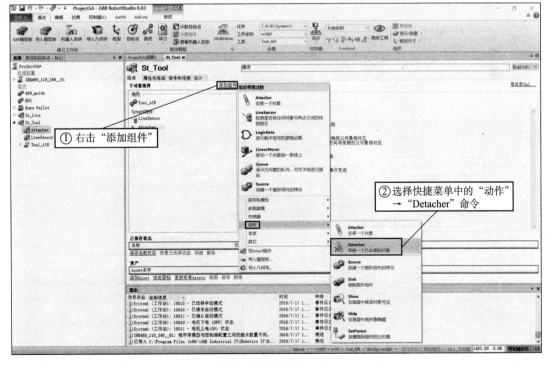

图 5 – 45   添加 Detacher

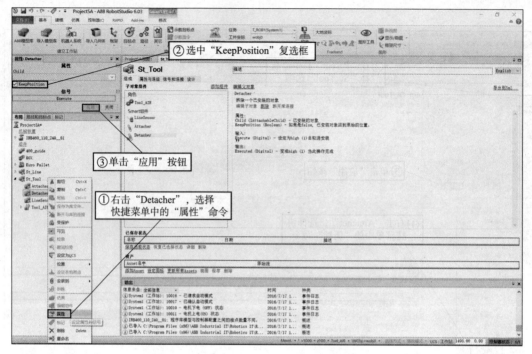

图 5-46　设定 Detacher 属性

注意：此处 Detacher 不需要设置其他属性。

4. 添加逻辑运算 "NOT"

添加逻辑运算 "NOT" 操作，如图 5-47 和图 5-48 所示。

使用 Smart 组件创建
动态夹具（3）

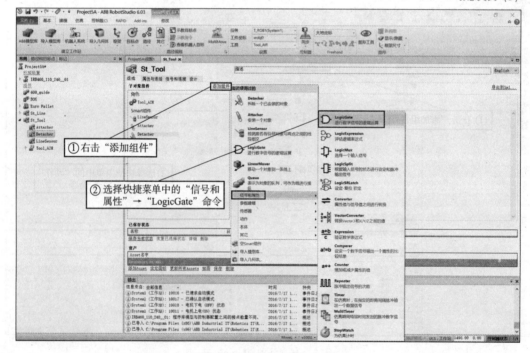

图 5-47　添加 LogicGate

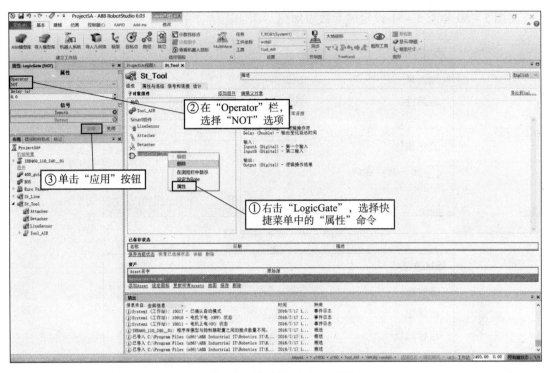

图 5-48　设定 LogicGate 属性

5. 创建属性与连结

创建属性与连结操作, 如图 5-49 ~ 图 5-52 所示。

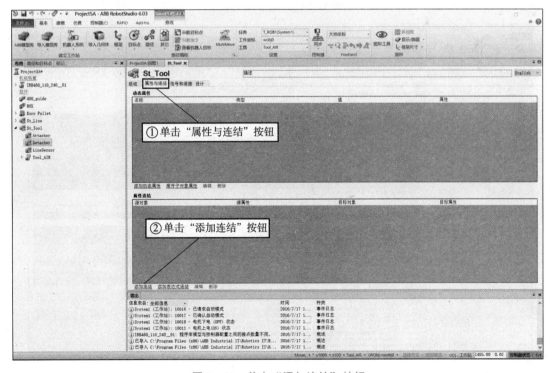

图 5-49　单击 "添加连结" 按钮

将图 5 – 50 和图 5 – 51 设定的参数添加到"添加连结"中。

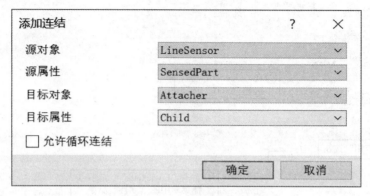

图 5 – 50　设定参数（1）

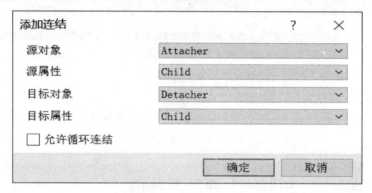

图 5 – 51　设定参数（2）

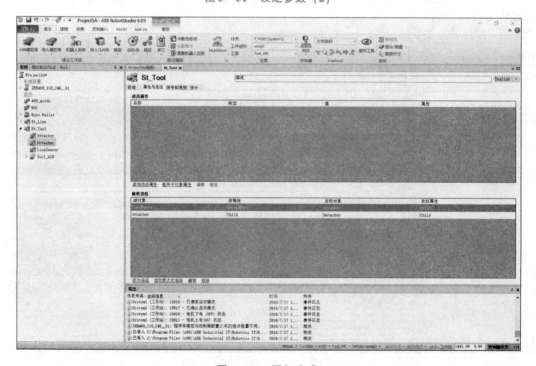

图 5 – 52　添加完成

6. 创建信号和连接

创建信号和连接操作，如图 5 - 53 ~ 图 5 - 59 所示。

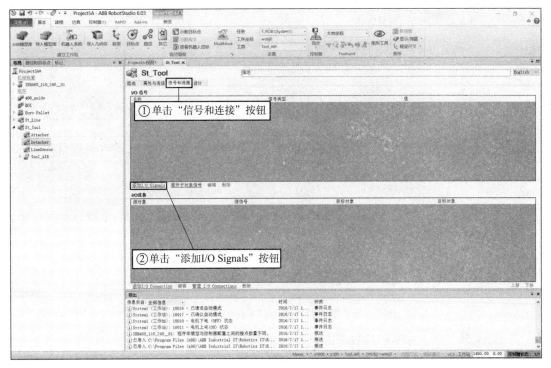

图 5 - 53　单击 "添加 I/O Signals" 按钮

添加I/O Signals

信号类型		信号数量
DigitalInput ▾	☐ 自动复位	1 ▲▼
信号名称	开始索引	步骤
DiOpenClosTool	0 ▲▼	1 ▲▼
信号值	最小值	最大值
0	0.00 ▲▼	0.00 ▲▼
描述		
	☐ 隐藏	☐ 只读

按照图中内容设置，然后单击 "确定" 按钮

确定　　取消

图 5 - 54　设定输入参数

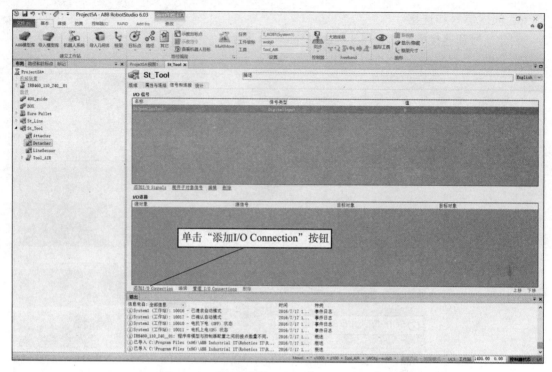

图 5 −55　单击"添加 I/O Connection"按钮

将图 5 −56 ~ 图 5 −59 的参数依次添加到 I/O 连接中。

图 5 −56　添加参数（1）

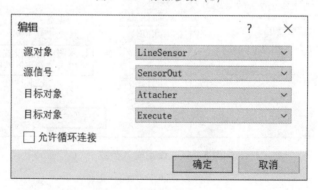

图 5 −57　添加参数（2）

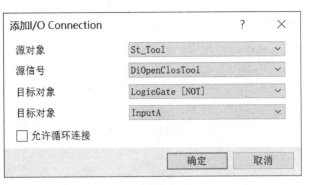

图 5 - 58　添加参数（3）

图 5 - 59　添加参数（4）

7. 调试 "St_Tool"

调试 "St_Tool" 操作，如图 5 - 60 ～图 5 - 65 所示。

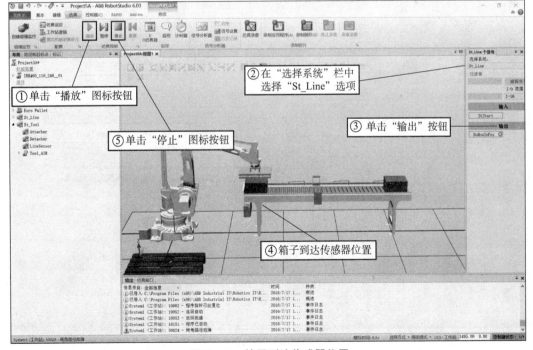

图 5 - 60　箱子到达传感器位置

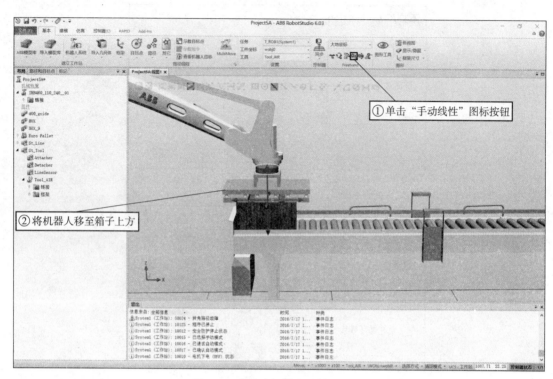

图 5-61　移动机器人至箱子位置

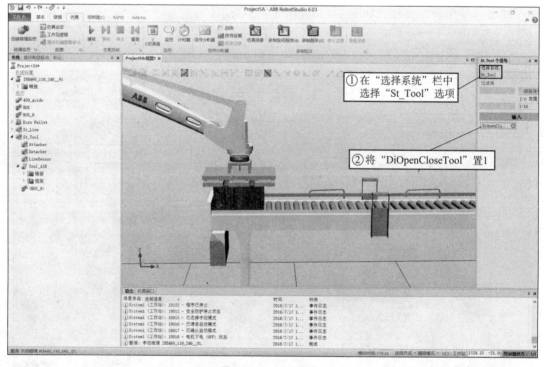

图 5-62　打开吸气

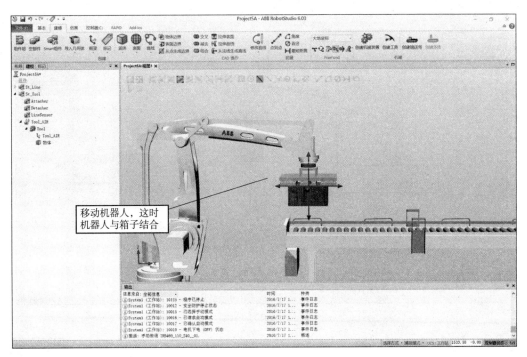

图 5－63 移动机器人

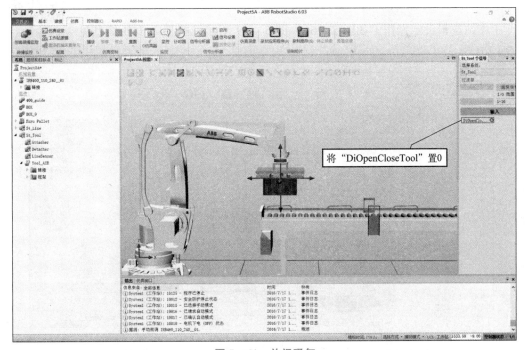

图 5－64 关闭吸气

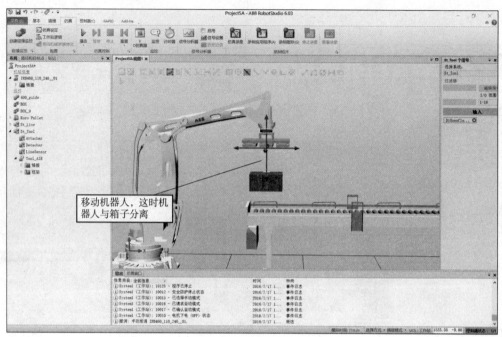

图 5-65　移动机器人

任务 3　基于搬运工作站逻辑设定

工作站逻辑设定操作，如图 5-66～图 5-69 所示。机器人 I/O 信息见表 5-101。

基于搬运工作站逻辑设定

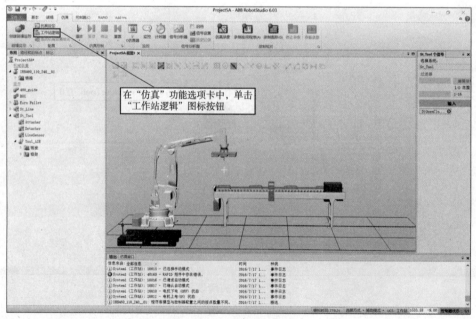

图 5-66　单击"工作站逻辑"图标按钮

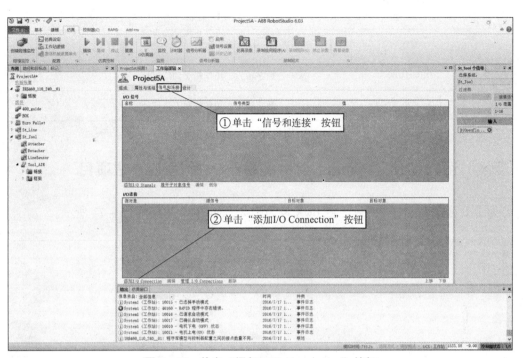

图 5 – 67　单击"添加 I/O Connection"按钮

将图 5 – 68 和图 5 – 69 中的参数依次添加到 I/O 连接中。

图 5 – 68　添加参数（1）

图 5 – 69　添加参数（2）

表 5 – 101　机器人 I/O 信息

I/O	功　　能
DiBoxIsOK	数字输入，用作箱子到位信号
DoOpenCloseTool	数字输出，用作控制工具信号

任务 4　运行使用了 Smart 组件的机器人搬运工作站项目

为了更符合现实中的搬运，将 BOX 设为隐藏，如图 5 – 70 和图 5 – 71 所示。

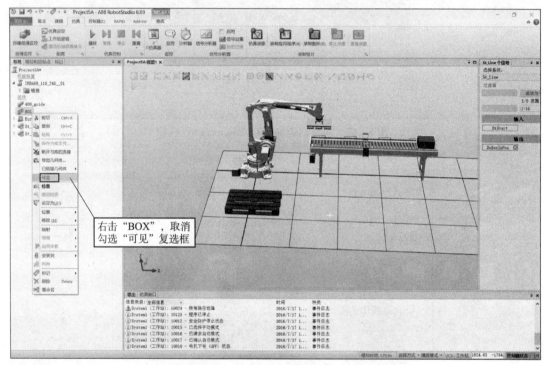

右击"BOX"，取消勾选"可见"复选框

图 5 – 70　隐藏 BOX

运行使用了 Smart
组件的机器人搬运
工作站项目（1）

运行使用了 Smart
组件的机器人搬运
工作站项目（2）

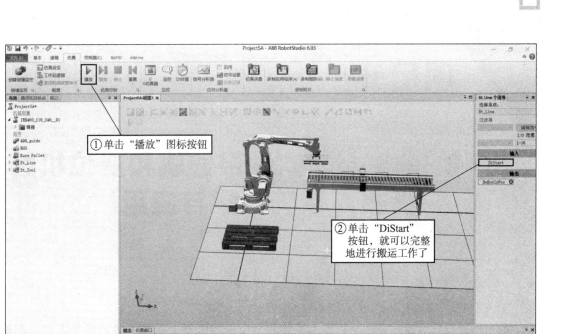

图 5 - 71　单击"播放"图标按钮

5.5　考　核　评　价

考核任务 1　了解 Smart 组件的菜单

要求：通过阅读 Smart 组件菜单的介绍，了解常用的 Smart 组件的信号参数，并能熟练地使用。

考核任务 2　独立完成搬运工作站设定并运行

要求：

（1）能熟练地设定 Smart 组件。

（2）正确地设定工作站、机器人、Smart 组件之间的逻辑关系。

设定工作站
逻辑（1）

设定工作站
逻辑（2）

项目 6

ABB RobotStudio 软件带导轨和变位机的机器人系统创建与应用

6.1 项目描述

本项目通过分别建立导轨与机器人系统和变位机与机器人系统，显示机器人与外部轴协调工作时对机器人本体工作范围的影响。

6.2 教学目的

通过本项目的学习，能掌握机器人导轨、机器人变位机的作用，如何导入机器人导轨系统和机器人变位机系统，并学会对机器人导轨系统和机器人变位机系统的使用。

6.3 知识准备

6.3.1 机器人导轨系统应用场合及作用介绍

在工业应用中，为机器人系统配备导轨，可以大大增加机器人的工作范围。在处理工位多以及较大工件时有着广泛应用。

6.3.2 机器人变位机系统应用场合及作用介绍

在工业应用中，变位机可改变加工工件的姿态，从而增加机器人的工作范围，在焊接、切割等领域广泛应用。

6.3.3   ABB 机器人系统如何正确导入外轴

（1）将机器人安装至导轨，请进行下列操作。

①在布局浏览器中，将机器人图标拖曳至导轨图标。

②对于问题机器人是否应与导轨协调？回答"是"，以便能在机器人程序中将导轨位置与机器人位置协调。若分别对导轨和机器人编程，请回答"否"。

③当提示您是否需要重启控制器时，单击"是"按钮。

④导轨已被添加至系统，可以开始对导轨编程了。

（2）将变位机放置到工作站，请进行下列操作。

①使用任一放置和移动对象所用的一般功能，将定位器移动到所需位置。

②修改变位机除 INTERCH 单元（如果存在）外每个机械单元的 baseframe 位置。若询问是否希望重新启动系统时，单击"是"按钮。

③重启之后，将会使用变位机的新位置更新系统。继续将固定装置和工作对象安装至变位机。

6.3.4   ABB 机器人系统扩展外部轴的基本编程

1. 激活机械装置单元（导轨无须激活）

单击"激活机械装置单元"图标按钮，如图 6 – 1 所示。

图 6 – 1   单击"激活机械装置单元"图标按钮

选中"INTERCH"复选框，将其激活，如图 6 – 2 所示。

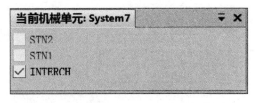

图 6 – 2   选中"INTERCH"复选框

2. 修改并记录目标点

通过调节机器人和机械装置手动关节调节变位机位置，单击"示教目标点"将当前位置机器人位置数据和变位机位置数据记录并保存在"工件坐标 & 目标点"中。

3. 在程序中添加激活和关闭机械装置单元指令（导轨无须添加）

在需要变位机的移动指令前添加激活机械装置单元指令（ActUnit INTERCH），在变位机运动结束后将关闭机械装置单元指令（DeactUnit INTERCH）添加在后面。

6.4 任务实现

任务1 在 ABB RobotStudio 软件中创建带导轨的机器人系统

创建带导轨的机器人系统操作，如图 6 – 3 ~ 图 6 – 13 所示。

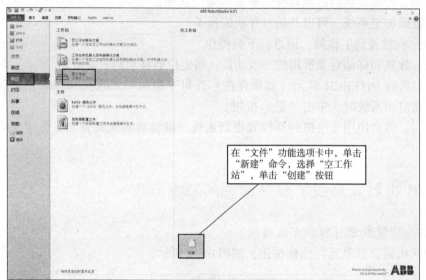

在 ABB RobotStudio 软件中创建带导轨的机器人系统

图 6 – 3　新建空工作站

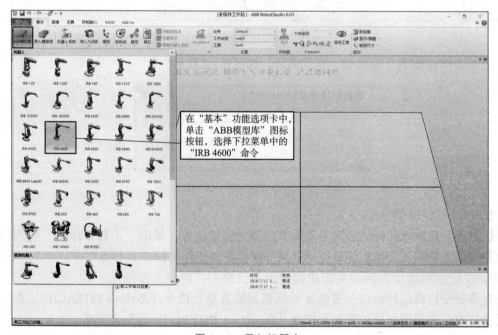

图 6 – 4　导入机器人

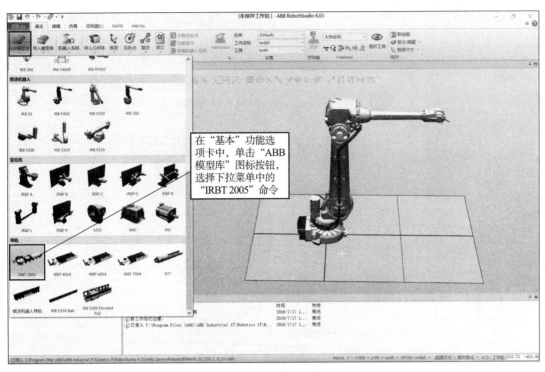

图 6-5　导入导轨

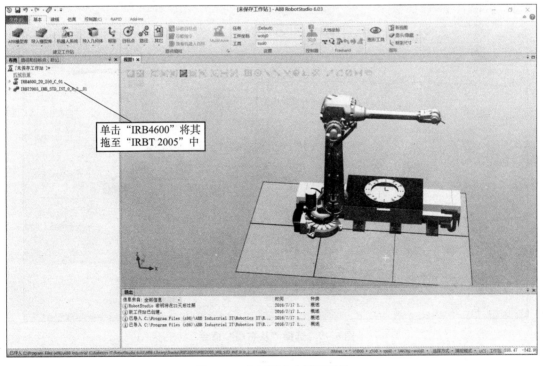

图 6-6　将机器人安装至导轨

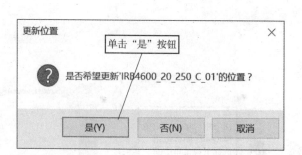

图6-7 单击"是"按钮 (1)

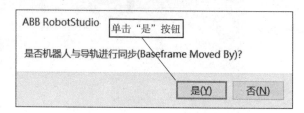

图6-8 单击"是"按钮 (2)

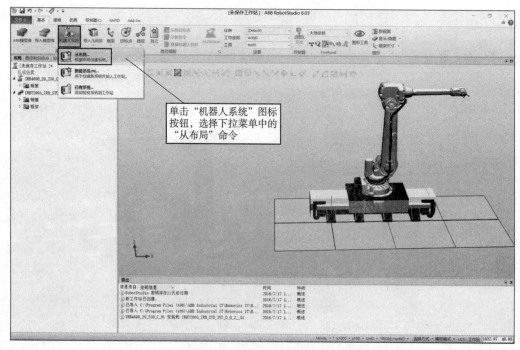

图6-9 选择"从布局"命令

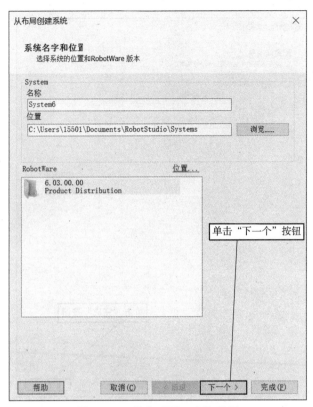

图 6 – 10　单击"下一个"按钮

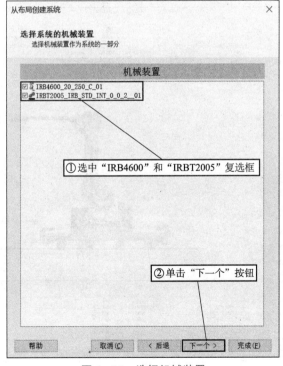

图 6 – 11　选择机械装置

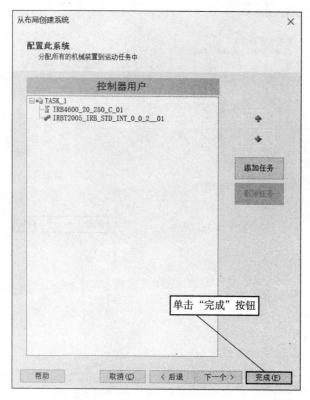

图 6-12　单击"完成"按钮

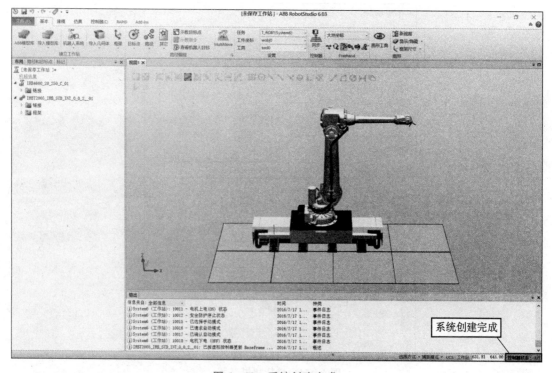

图 6-13　系统创建完成

任务 2 创建带导轨的机器人系统运动轨迹并仿真运行

创建带导轨的机器人系统运动轨迹并仿真运行操作，如图 6 – 14 ~ 图 6 – 22 所示。

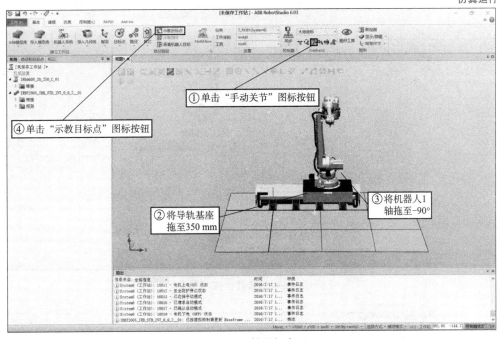

图 6 – 14 示教目标点（1）

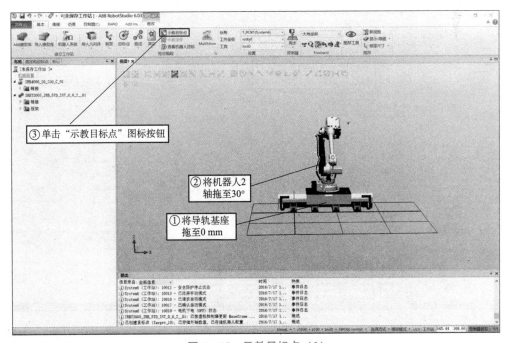

图 6 – 15 示教目标点（2）

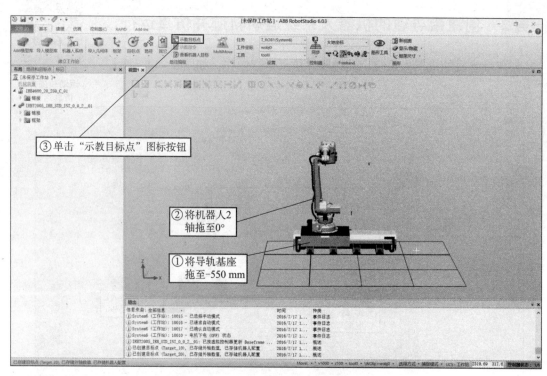

③ 单击"示教目标点"图标按钮

② 将机器人2
轴拖至0°

① 将导轨基座
拖至-550 mm

图 6-16 示教目标点（3）

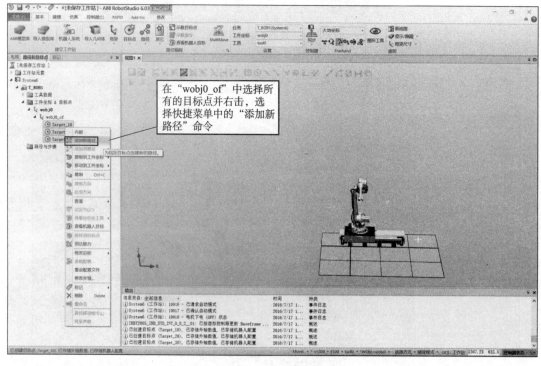

在"wobj0_of"中选择所
有的目标点并右击，选
择快捷菜单中的"添加新
路径"命令

图 6-17 添加新路径

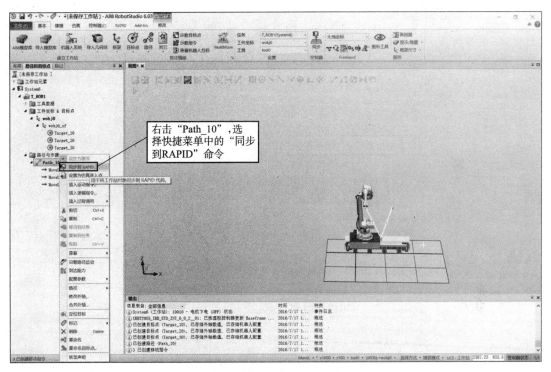

图 6-18　同步到 RAPID

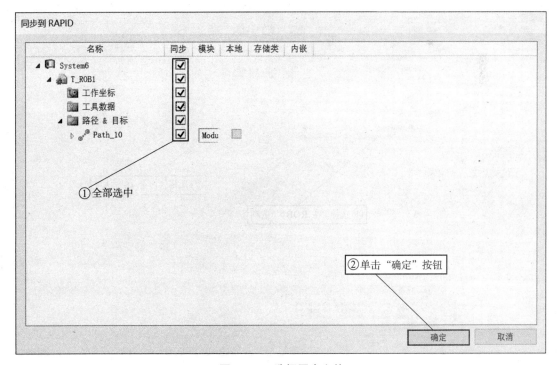

图 6-19　选择同步文件

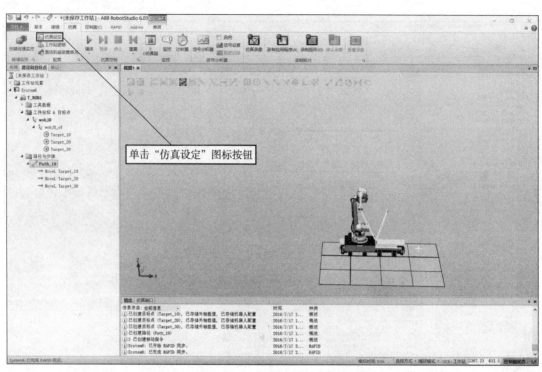

图 6-20　单击"仿真设定"图标按钮

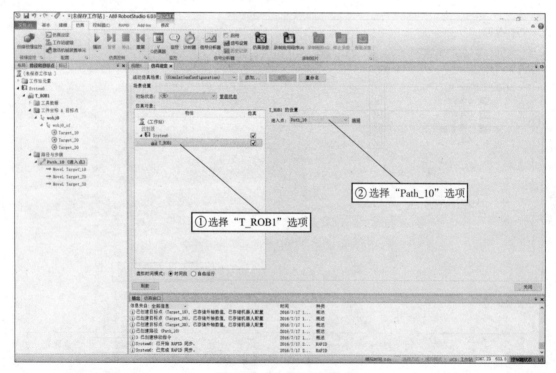

图 6-21　选择仿真程序

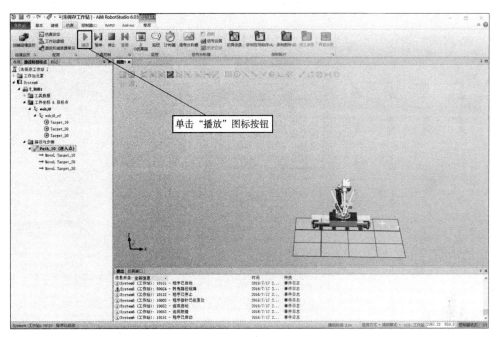

图 6 – 22 单击"播放"图标按钮

任务 3 在 ABB RobotStudio 软件中创建带变位机的机器人系统

在 ABB RobotStudio 软件中创建带变位机的机器人系统

创建带变位机的机器人系统操作，如图 6 – 23 ～ 图 6 – 38 所示。

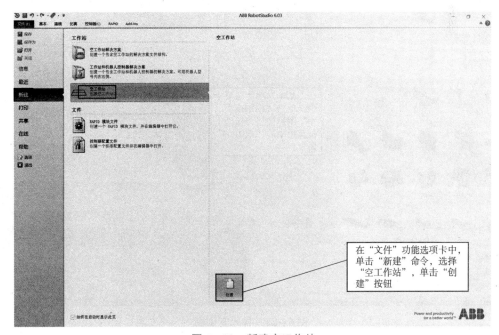

图 6 – 23 新建空工作站

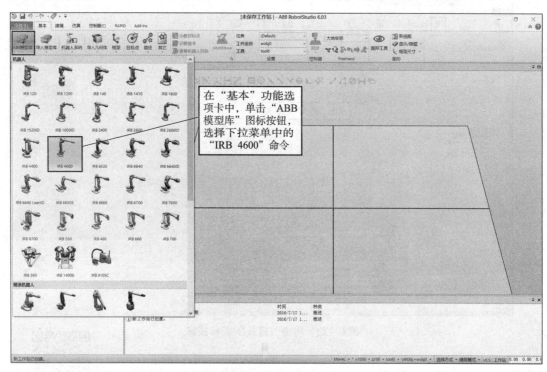

图 6-24 导入机器人

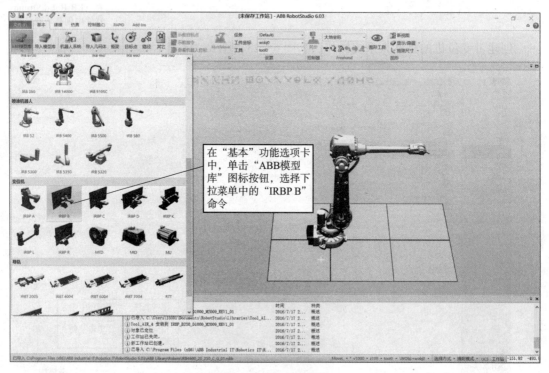

图 6-25 导入变位机

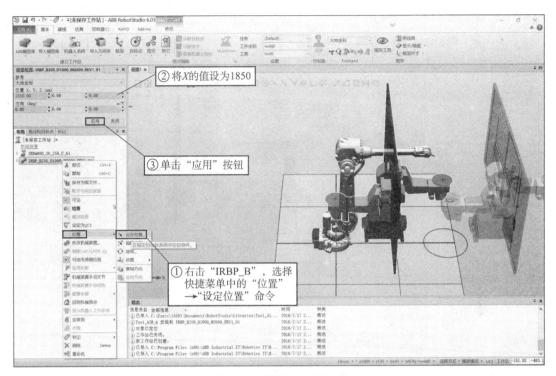

图 6-26　设定变位机位置

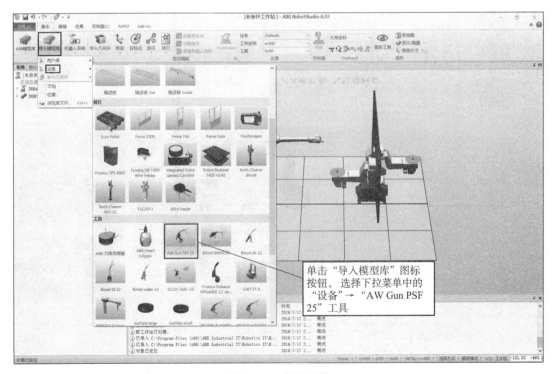

图 6-27　导入工具

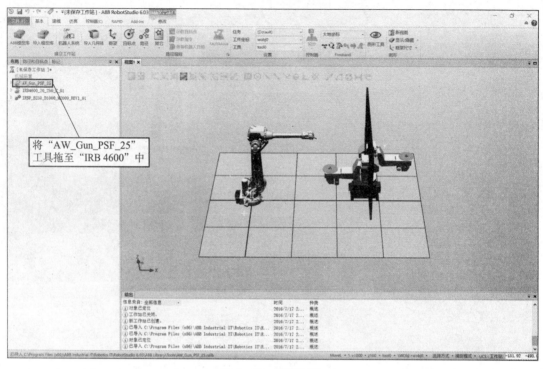

将 "AW_Gun_PSF_25" 工具拖至 "IRB 4600" 中

图 6 – 28　安装工具

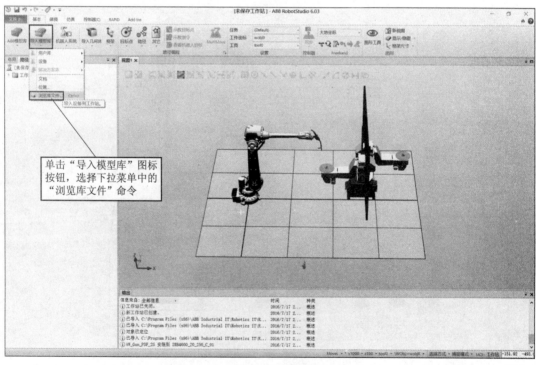

单击 "导入模型库" 图标按钮，选择下拉菜单中的 "浏览库文件" 命令

图 6 – 29　选择 "浏览库文件" 命令

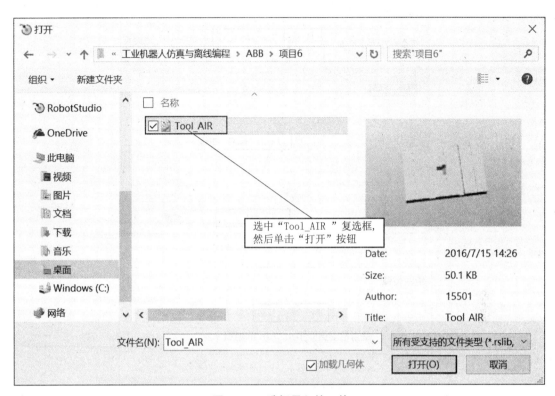

图 6 – 30　选择导入的工件

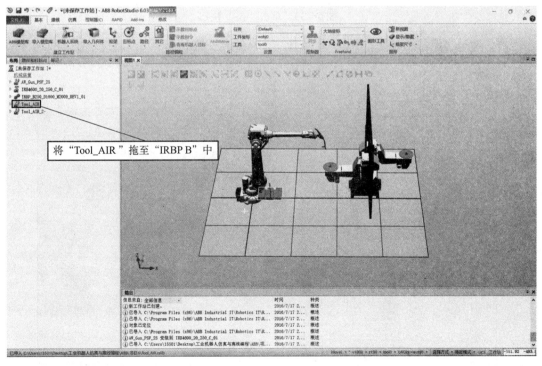

图 6 – 31　安装工件至"IRBP B"

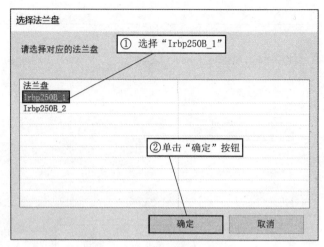

图 6-32 选择 "Irbp250B_1"

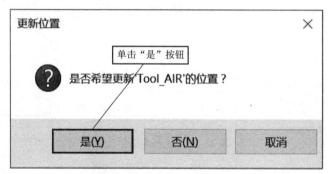

图 6-33 单击 "是" 按钮

将 "Tool_AIR_2" 拖至 "IRBP B" 中，安装在法兰盘 Irbp250B_2 上。

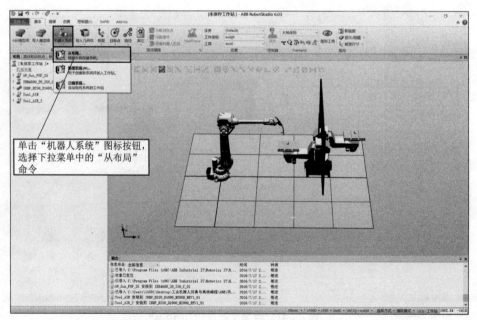

图 6-34 选择 "从布局" 命令

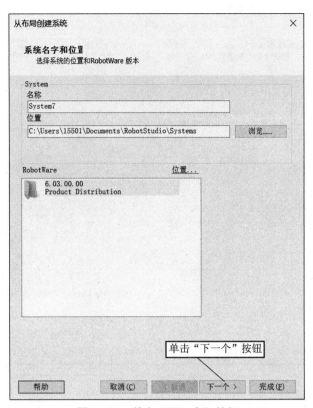

图 6-35 单击"下一个"按钮

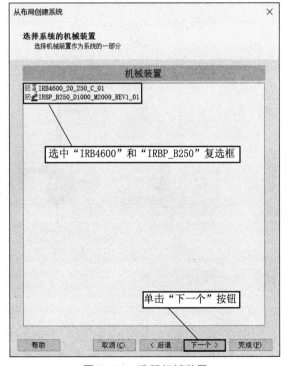

图 6-36 选择机械装置

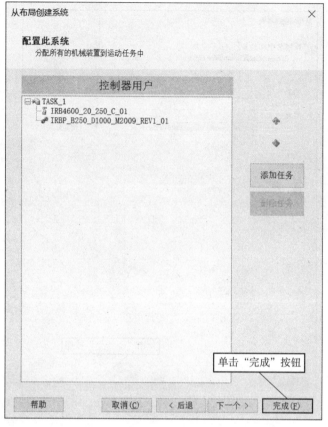

图 6 – 37　单击"完成"按钮

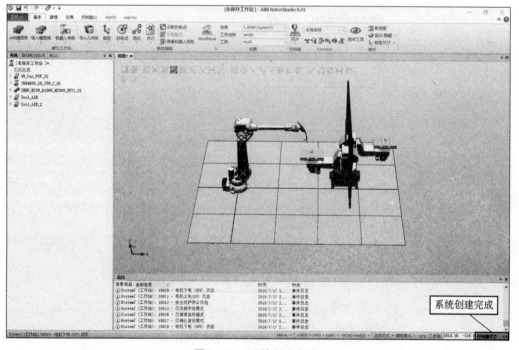

图 6 – 38　系统创建完成

任务 4　创建带变位机的机器人系统的运动轨迹并仿真运行

创建带变位机的机器人系统的运动轨迹并仿真运行

创建带变位机的机器人系统的运动轨迹并仿真运行操作，如图 6 – 39 ～图 6 – 53 所示。

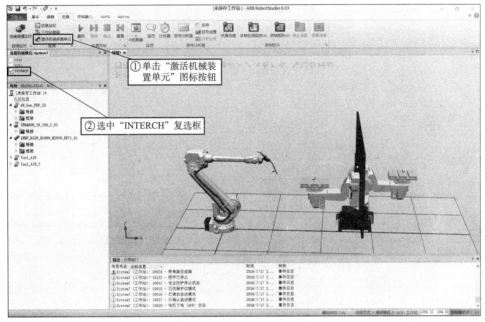

图 6 – 39　激活机械装置单元设置

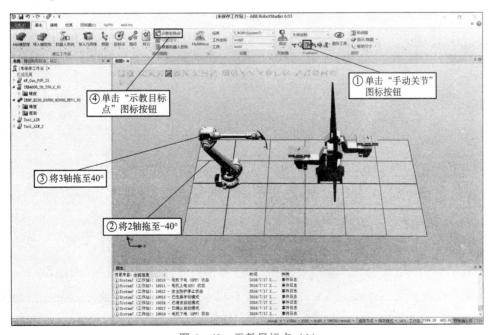

图 6 – 40　示教目标点（1）

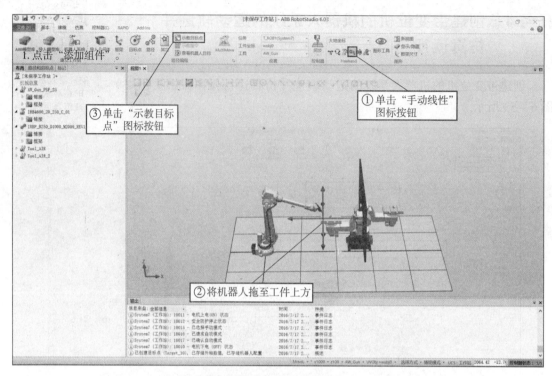

图6-41 示教目标点（2）

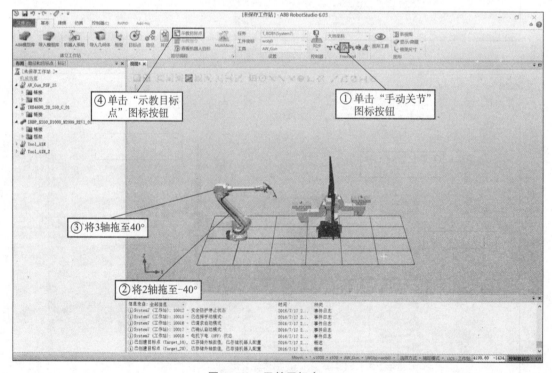

图6-42 示教目标点（3）

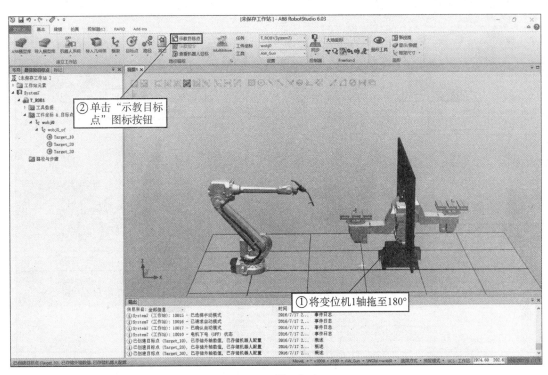

图 6－43　示教目标点（4）

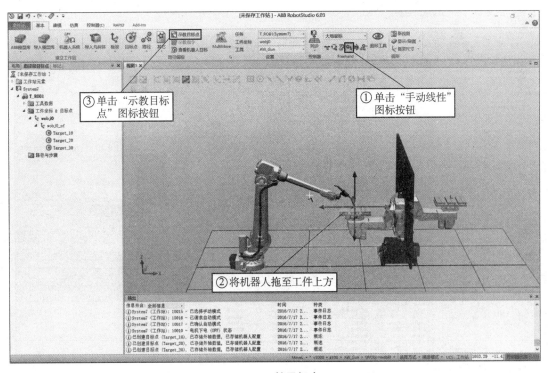

图 6－44　示教目标点（5）

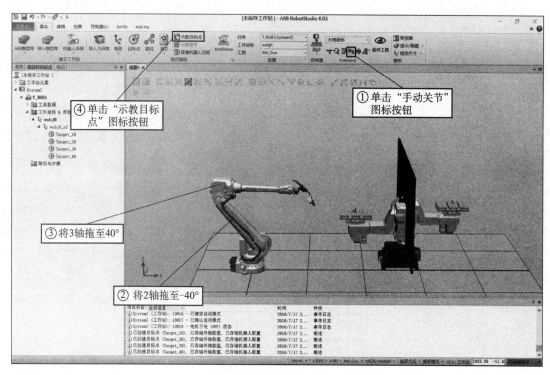

图 6-45　示教目标点（6）

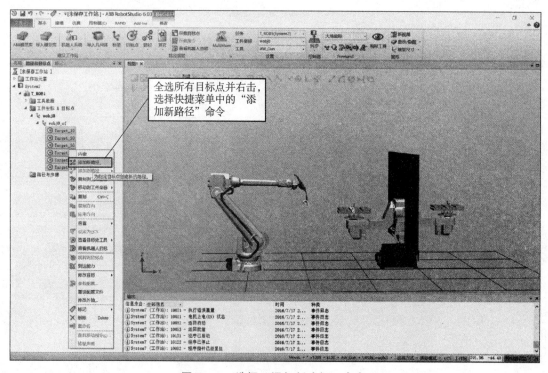

图 6-46　选择"添加新路径"命令

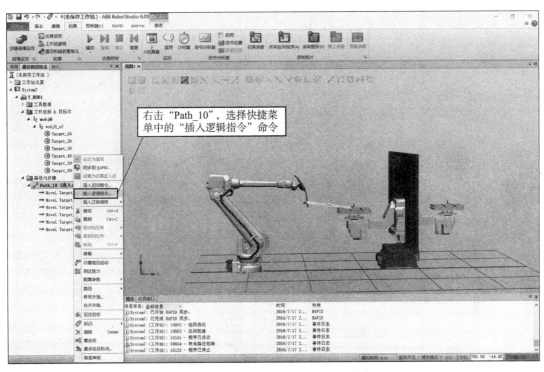

图 6 – 47　选择"插入逻辑指令"命令

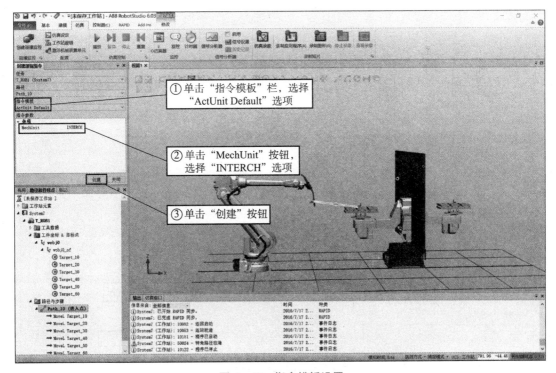

图 6 – 48　指令模板设置

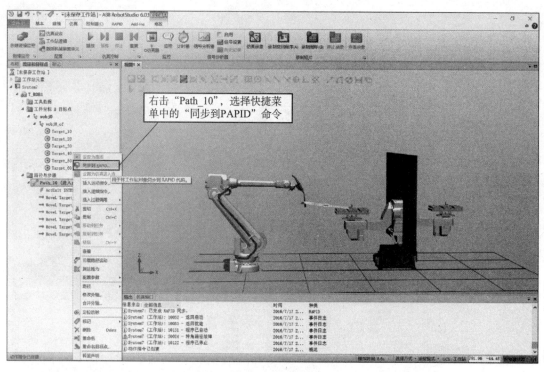

图 6 – 49　选择"同步到 RAPID"命令

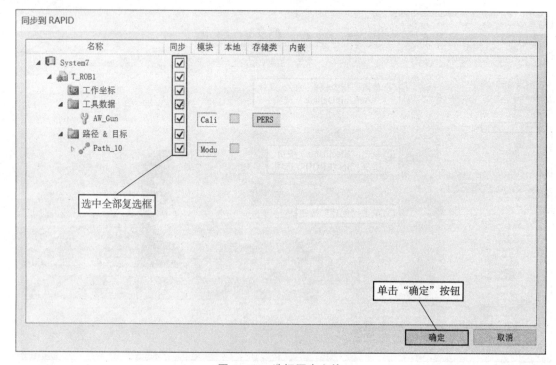

图 6 – 50　选择同步文件

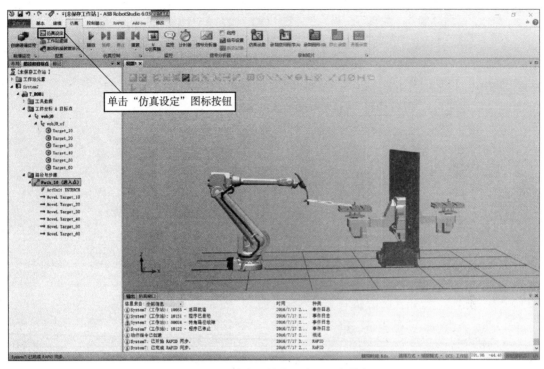

图 6-51　单击"仿真设定"图标按钮

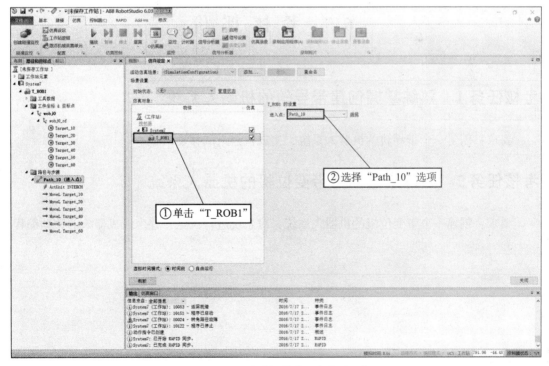

图 6-52　选择仿真运行程序

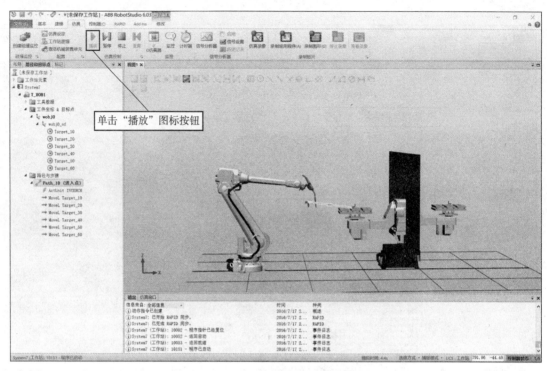

图 6-53　单击"播放"图标按钮

6.5　考核评价

考核任务 1　熟练掌握创建带导轨的机器人系统

要求：创建一个带导轨的机器人系统，生成机器人的移动编程。

考核任务 2　熟练掌握创建带变位机的机器人系统

要求：创建一个带变位机的机器人系统，对系统进行设定，并生成机器人的移动编程。

项目 7

ABB RobotStudio 软件
ScreenMaker 示教器
用户自定义界面

7.1　项 目 描 述

通过 ScreenMaker 功能创建一个用户自定义界面，对机器人运行时的状态进行实时监控。

7.2　教 学 目 的

通过本项目的学习可以了解到什么是 ScreenMaker 和为什么要使用 ScreenMaker，以及如何创建一个用户自定义界面。

7.3　知 识 准 备

7.3.1　了解 ScreenMaker

ScreenMaker 是用来创建用户自定义界面的 RobotStudio 工具。使用该工具无须学习 Visual Studio 开发环境和.NET 编程，即可创建自定义的示教器图形界面。

7.3.2 使用 ScreenMaker 的目的

使用自定义的操作界面在工厂实地能简化机器人系统操作。设计合理的操作界面能在正确的时间以正确的格式将正确的信息显示给用户。

7.4 任 务 实 现

创建一个搬运机器人用户自定义界面

任务1 创建一个搬运机器人用户自定义界面

首先打开 KRTRobot_simulat_7A 工作站包（路径：工业机器人仿真与离线编程/ABB/项目7），如图7-1所示。

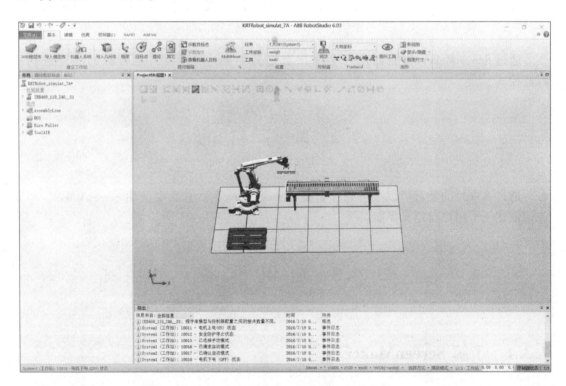

图7-1 KRTRobot_simulat_7A 工作站包

创建一个搬运机器人用户自定义界面操作，如图7-2～图7-11所示。

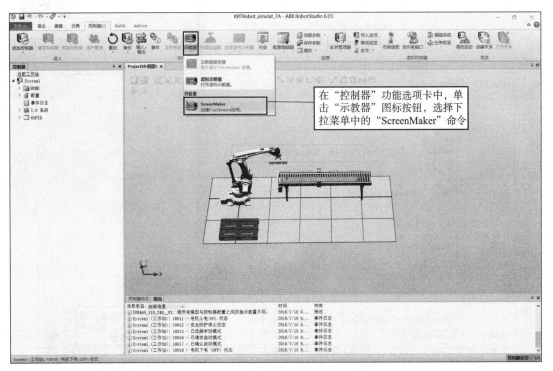

在"控制器"功能选项卡中，单击"示教器"图标按钮，选择下拉菜单中的"ScreenMaker"命令

图 7-2　选择"ScreenMaker"命令

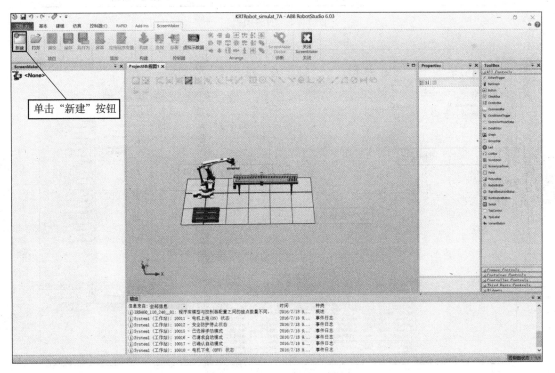

单击"新建"按钮

图 7-3　单击"新建"按钮

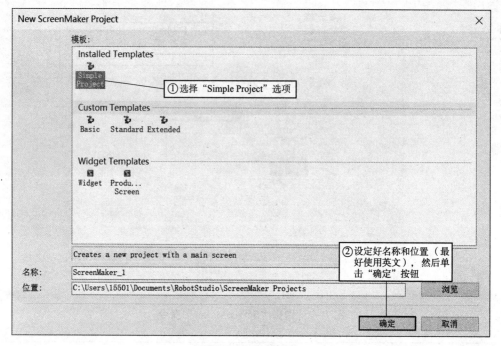

图7-4　创建项目

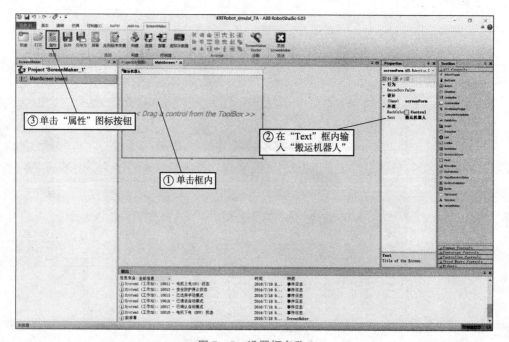

图7-5　设置框名称

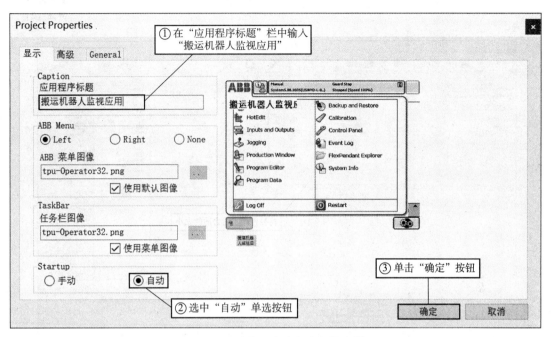

图 7-6　设定"应用程序标题"栏

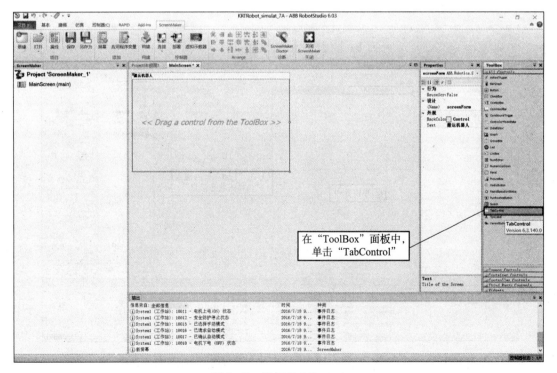

图 7-7　添加 TabControl

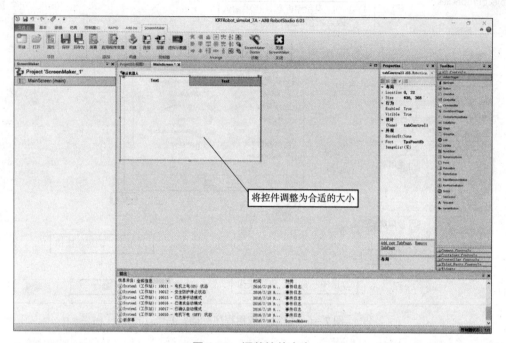

图 7 - 8　调整控件大小

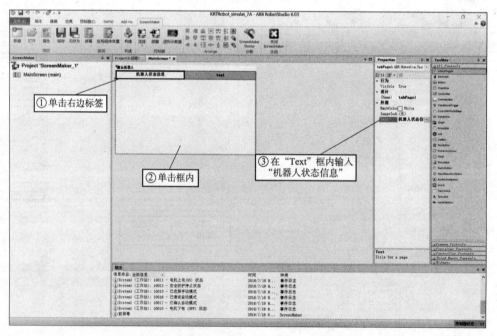

图 7 - 9　输入右边控件名称

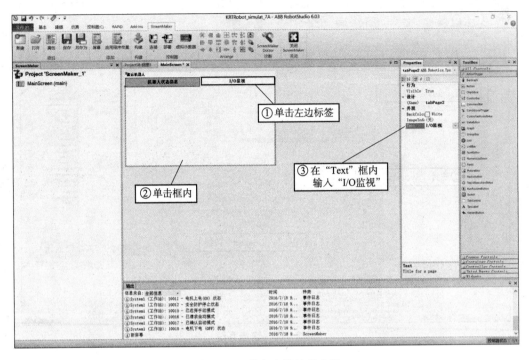

图 7 – 10　输入左边控件名称

图 7 – 11　单击"保存"图标按钮

任务 2　设置机器人状态信息界面

1. 使用 ScreenMaker 设置机器人当前位置文字提示

机器人当前位置文字提示是与程序数据 N_RobotPos 相关联的，具体定义如下。

N_RobotPos = 0：机器人等待物件

N_RobotPos = 1：机器人抓取物件

N_RobotPos = 2：机器人前往放置物件

N_RobotPos = 3：机器人放置物件完成

N_RobotPos = 4：机器人搬运完成

编程的时候，在对应的位置加入对 N_RobotPos 的赋值，从而使界面做出响应。使用机器人 ScreenMaker 设置机器人当前文字提示的操作，如图 7 – 12 ~ 图 7 – 19 所示。

设置机器人
状态信息界面

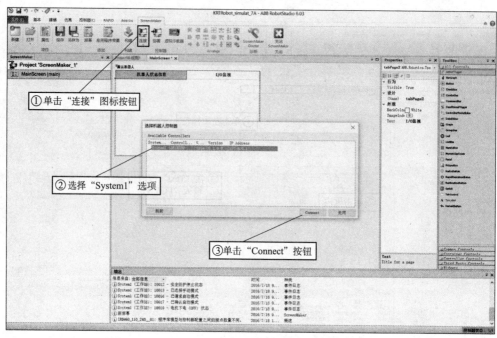

图 7-12　连接系统

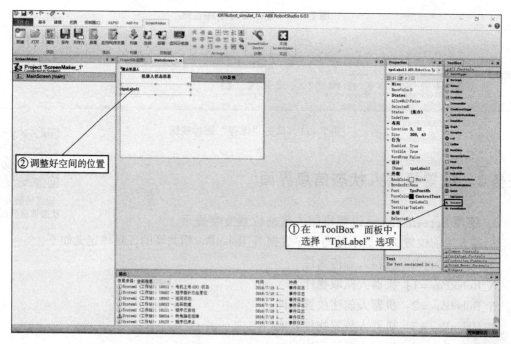

图 7-13　添加 TpsLabel

设定机器人
状态信息
界面（3）

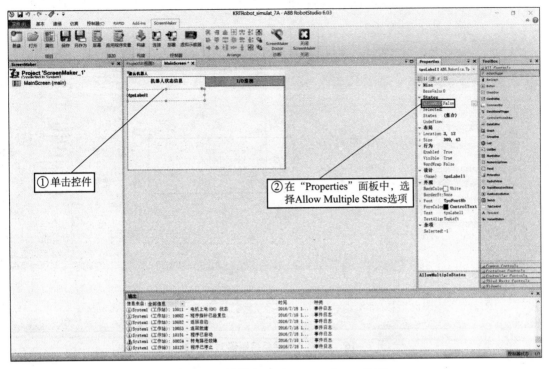

图 7 – 14　选择 Allow Multiple States 选项

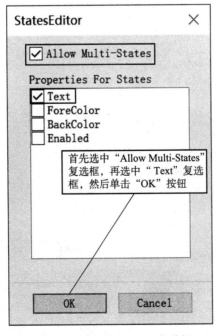

图 7 – 15　选中 "Text" 复选框

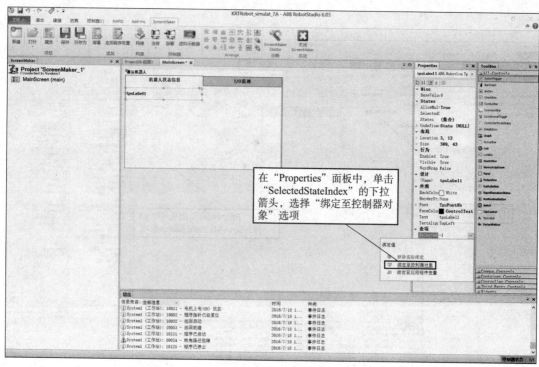

图7-16 选择"绑定至控制器对象"选项

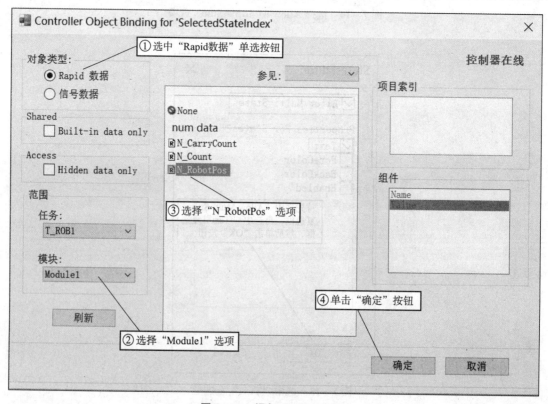

图7-17 添加 RAPID 变量

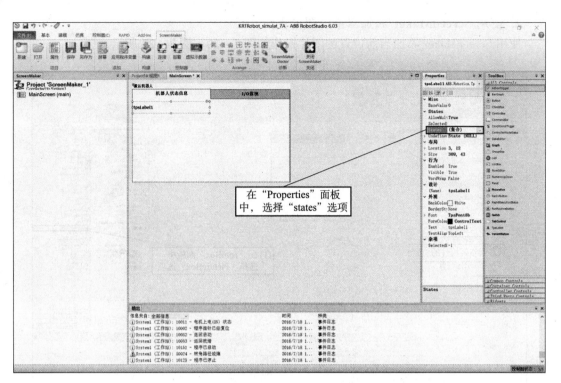

图 7 – 18　选择"states"选项

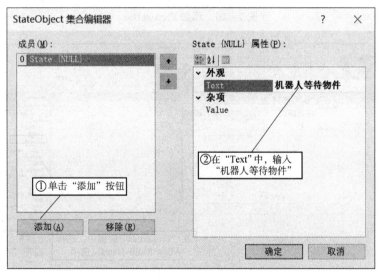

图 7 – 19　设置变量值对应显示的数据

再添加 4 个条目：

①再添加机器人抓取物件。

②机器人前往放置物件。

③机器人放置物件完成。

④机器人搬运完成。

单击"完成"按钮。

设定机器人
状态信息
界面（4）

2. 使用 ScreenMaker 添加当前位置的图片

使用 ScreenMaker 添加当前位置的图片操作如图 7 – 20 ~ 图 7 – 27 所示。

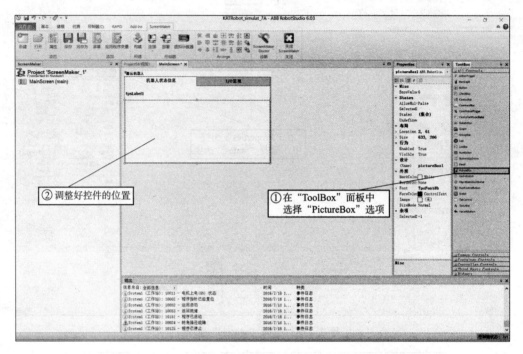

图 7 – 20 添加 PictureBox

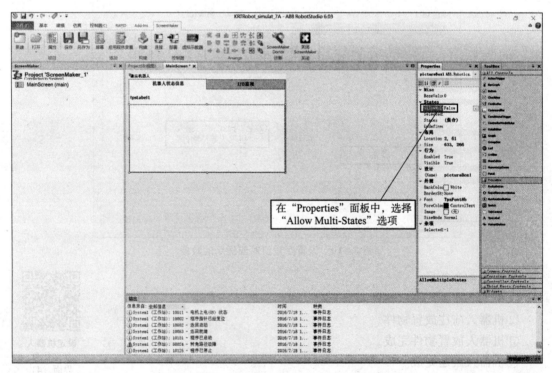

图 7 – 21 选择 Allow Multi – States 选项

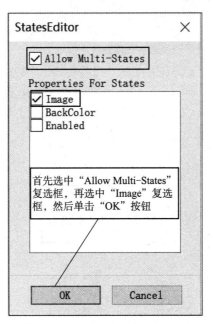

图 7 – 22　选中"Image"复选框

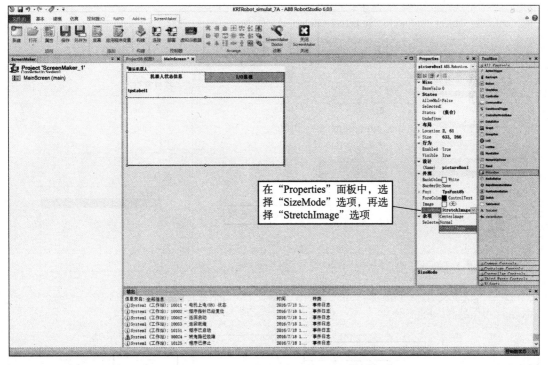

图 7 – 23　选择"StretchImage"选项

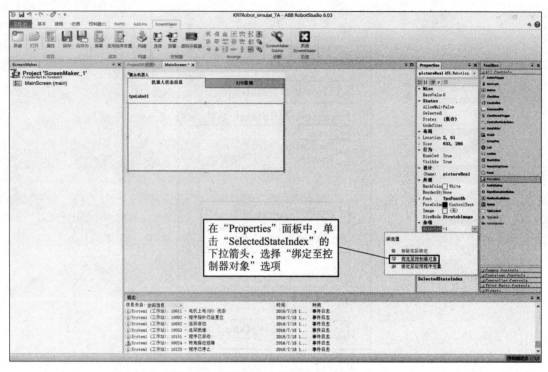

图 7 – 24 选择"绑定至控制器对象"选项

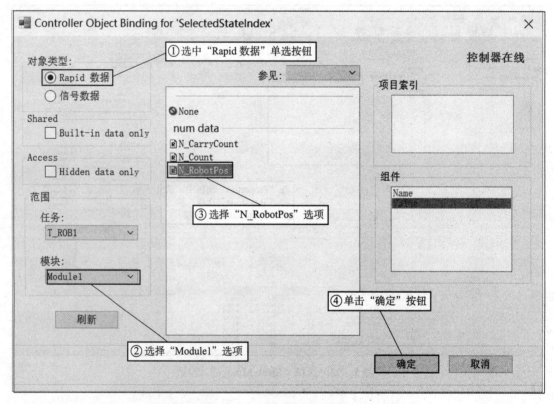

图 7 – 25 添加 RAPID 变量

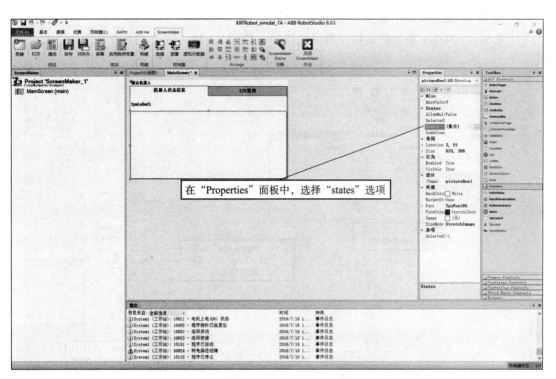

图 7 – 26　选择"states"选项

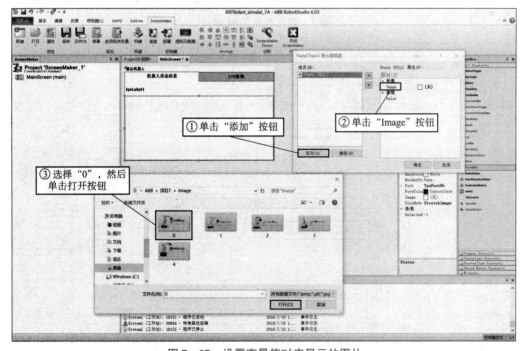

图 7 – 27　设置变量值对应显示的图片

再将其他图片按图片名称依次添加后，在"StateObject 集合编辑器"中单击"确定"按钮。

3. 使用 ScreenMaker 添加搬运物件数量

使用 ScreenMaker 添加搬运物件数量的操作,如图 7 – 28 ~ 图 7 – 32 所示。

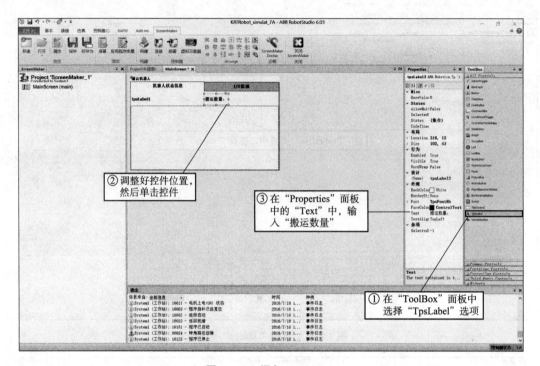

图 7 – 28　添加 TpsLabel

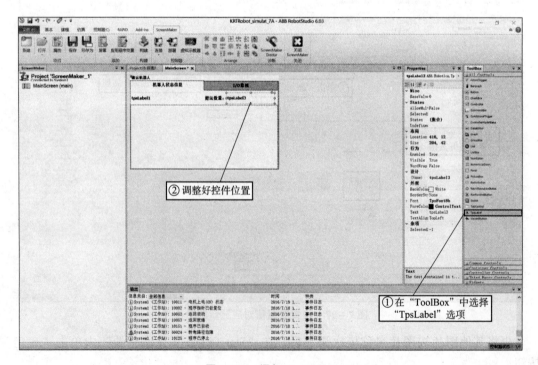

图 7 – 29　添加 TpsLabel

图 7 – 30　选择"Bind Text to a Controller Object"命令

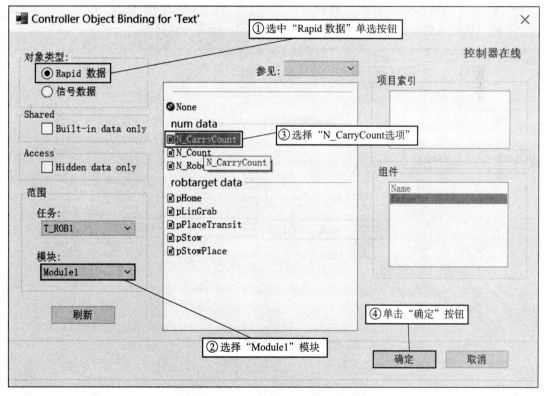

图 7 – 31　添加 RAPID 变量

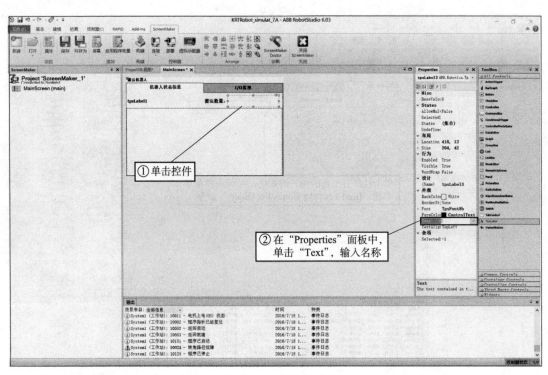

图 7-32 输入名称

4. 测试"机器人状态信息"界面

测试"机器人状态信息"界面操作,如图 7-33 ~ 图 7-36 所示。

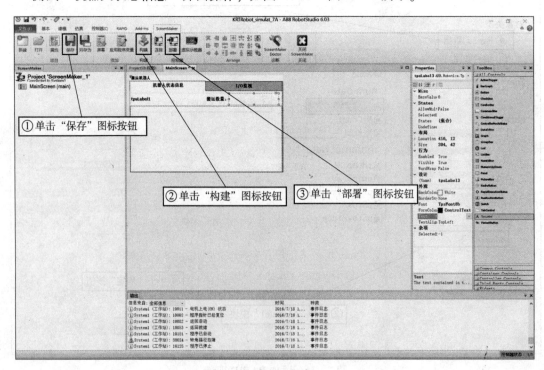

图 7-33 保存

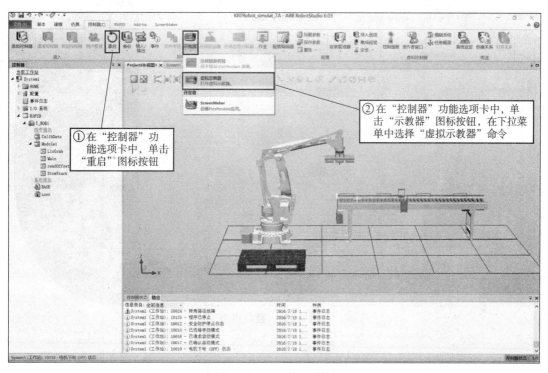

图 7 – 34　打开虚拟示教器

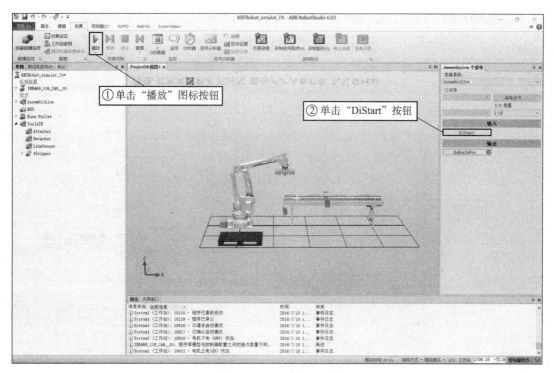

图 7 – 35　运行工作站

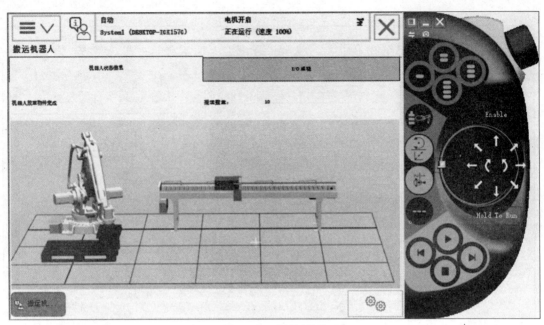

图 7-36　监控界面

任务 3　设置 I/O 监视界面

设置 I/O 监视界面操作，如图 7-37~图 7-47 所示。

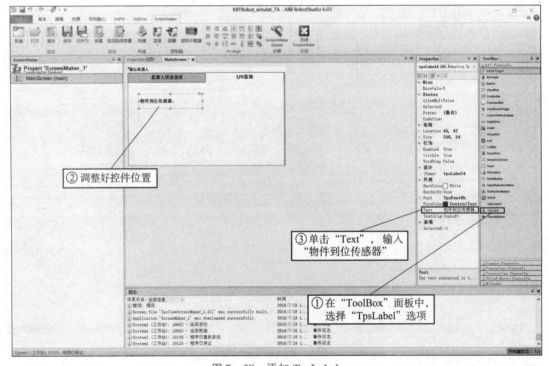

图 7-37　添加 TpsLabel

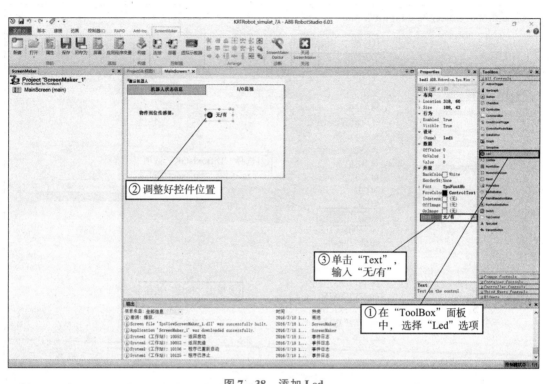

图 7 – 38　添加 Led

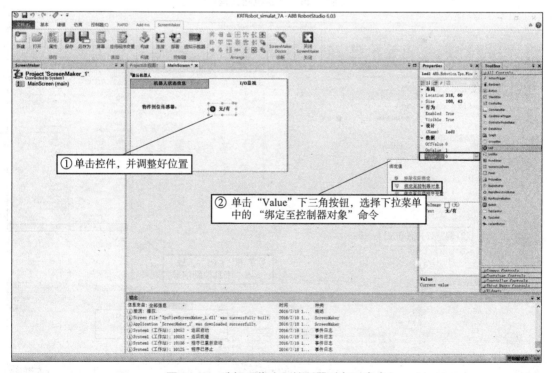

图 7 – 39　选择"绑定至控制器对象"命令

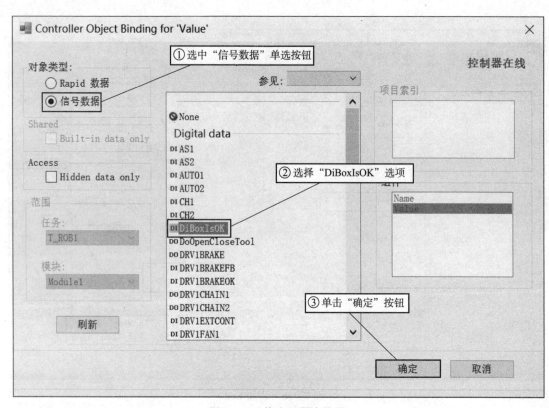

图 7 - 40 绑定机器人信号

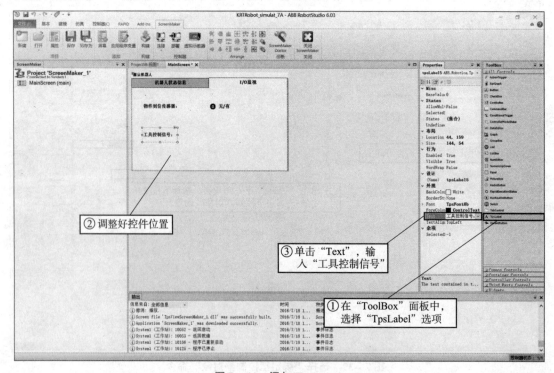

图 7 - 41 添加 TpsLabel

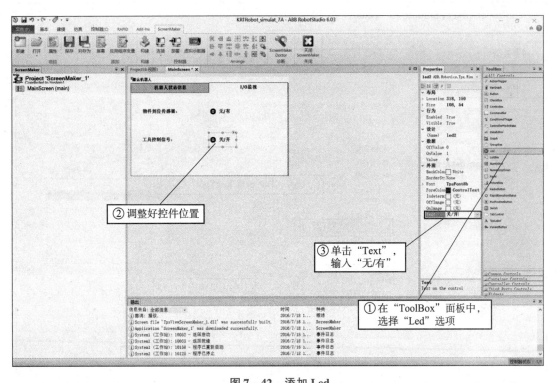

图 7 - 42　添加 Led

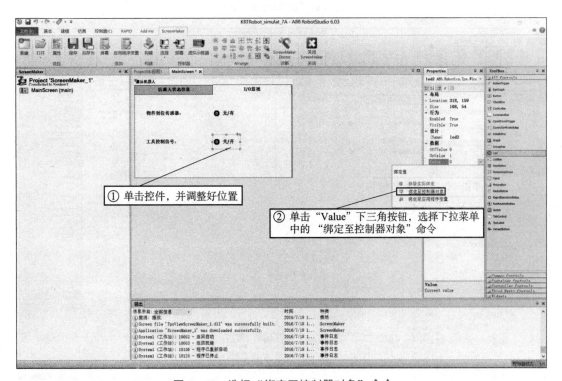

图 7 - 43　选择 "绑定至控制器对象" 命令

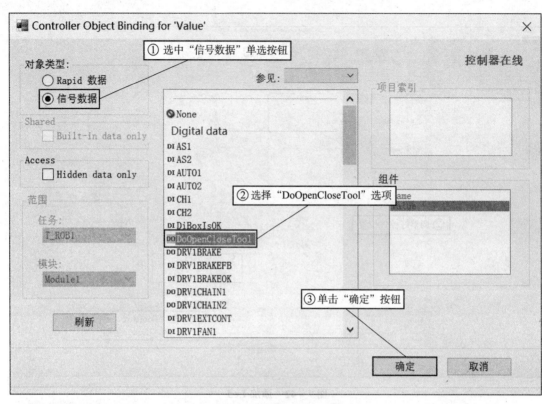

图 7-44 绑定机器人信号

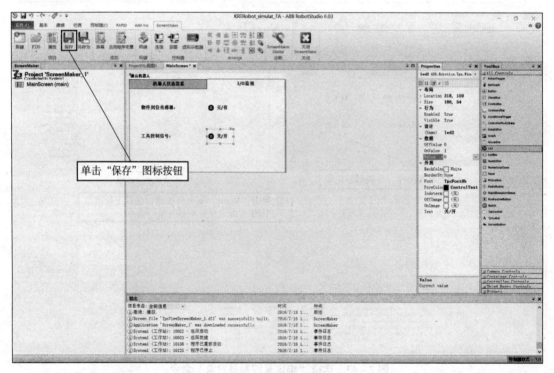

图 7-45 保存

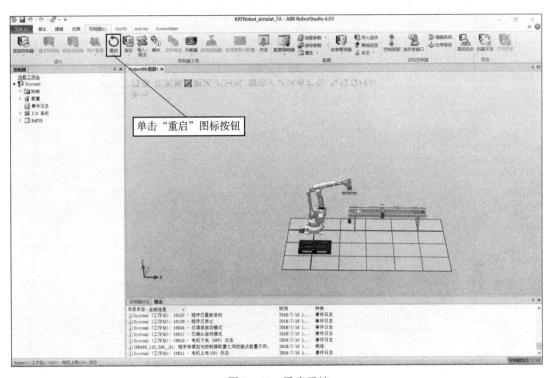

单击"重启"图标按钮

图 7 - 46 　 重启系统

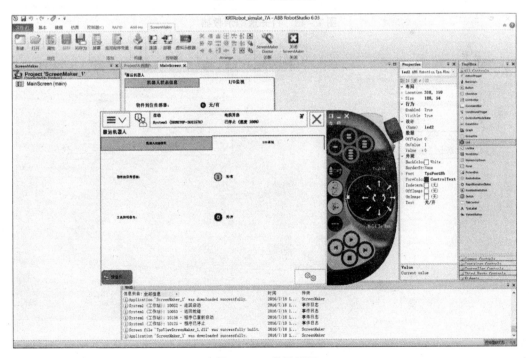

图 7 - 47 　 监控界面

任务4 调试搬运机器人工作站 ScreenMaker 响应界面

调试搬运机器人工作站 ScreenMaker 响应界面操作，如图7-48~图7-51所示。

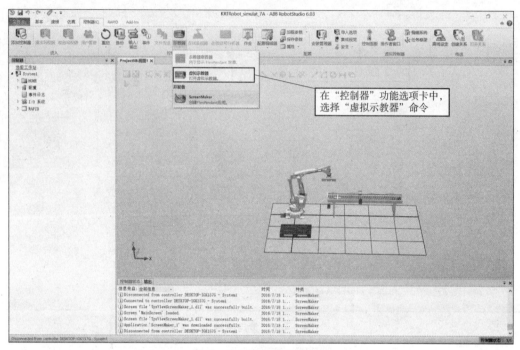

图7-48 打开虚拟示教器

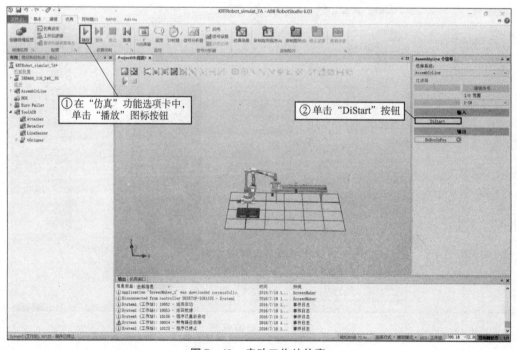

图7-49 启动工作站仿真

图 7-50、图 7-51 所示为运行中的"搬运机器人监视应用"界面。

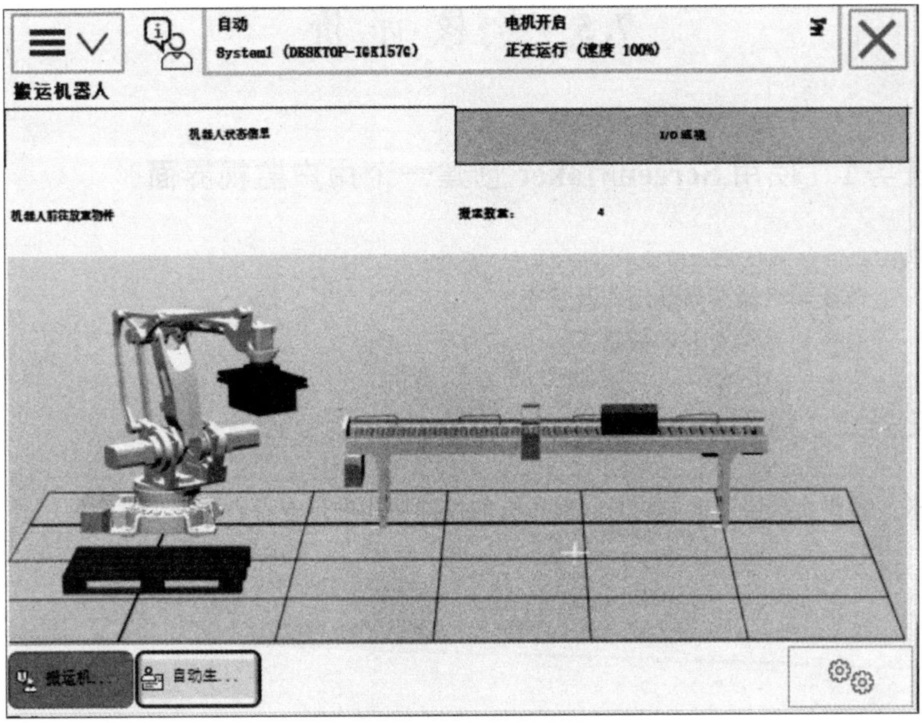

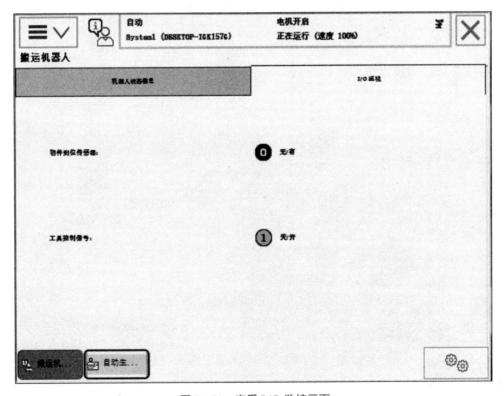

图 7-50　查看机器人状态信息监控画面

图 7-51　查看 I/O 监控画面

7.5 考 核 评 价

考核任务1 使用 ScreenMaker 创建一个用户监视界面

要求：
（1）能监视到机器人当前动作及状态。
（2）能监视到机器人 I/O 信息。

考核任务2 熟悉 ScreenMaker 的控件功能

要求：需要大家使用很多的时间对所有的控件功能进行查看，并逐个学会使用。

项目 8

KUKA Sim Pro 软件的介绍及基本操作

8.1　项目描述

本项目介绍 KUKA Sim Pro 3.0 软件的基本功能和 KUKA Sim Pro 软件的基本使用方法。带领大家通过学习其基本使用，完成有针对性的任务。

8.2　教学目的

通过本项目的学习，可以初步了解 KUKA Sim Pro 3.0 软件的功能使用，对五大界面的认识，并能掌握 KUKA Sim Pro 3.0 软件的安装、导入模型、模型布局和机器人的移动。

8.3　知识准备

KUKA Sim Pro
软件介绍

8.3.1　KUKA Sim Pro 软件的基本介绍

KUKA Sim Pro 3.0 是库卡公司最新推出的 KUKA 机器人仿真软件，Sim Pro 3.0 系列产品主要由两个软件组成，即 KUKA Sim Pro 3.0 和 KUKA OfficeLite。

KUKA Sim Pro 3.0 的主要功能如下。

①构建复杂工作单元。

②导入复杂的 3D 模型。

③创建智能组件。

④自动生成轨迹。

⑤生成 3D–PDF 或 2D_DWG 文档。

KUKA OfficeLite 的主要功能如下。

①计算高精度工作周期时间（变化≤2%）。

②编写 KUKA 程序。

③与 KUKA Sim Pro 3.0 进行 I/O 模拟。

8.3.2　KUKA Sim Pro 软件界面介绍

KUKA Sim Pro 3.0 的软件界面主要分为 5 个部分,即 FILE、HOME、 KUKA Sim Pro
MODELING、PROGRAM 和 DRAWING。　软件介绍

下面对这 5 个部分的功能和命令进行介绍。

1. FILE 界面

FILE 界面是 KUKA Sim Pro 3.0 软件的后台视图,如图 8-1 所示,其主要功能有保存、打开文件以及软件的基本设置等。FILE 界面命令表见表 8-1。

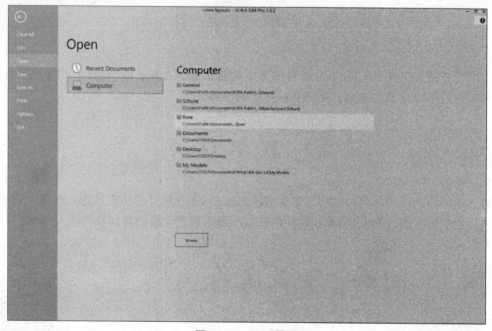

图 8-1　FILE 界面

表 8-1　FILE 界面命令表

名　称	功　　能
Clear All	清除 3D 世界内的所有组件,并打开布局
Info	显示当前项目的信息和软件的许可证及信息
Open	打开已有的一个项目
Save	保存当前项目
Save As	将当前项目另存为
Print	预览并打印 3D 世界内的布局
Options	配置 KUKA Sim Pro 3.0 软件
Exit	退出 KUKA Sim Pro 3.0 软件

2. HOME 界面

在 KUKA Sim Pro 3.0 软件中的 HOME 界面里（见图 8 - 2），可以使用软件内已有的组件或外部导入的组件，在 3D 世界内进行布局。HOME 界面命令表见表 8 - 2。

KUKA Sim Pro 软件
中控制机器人的移动

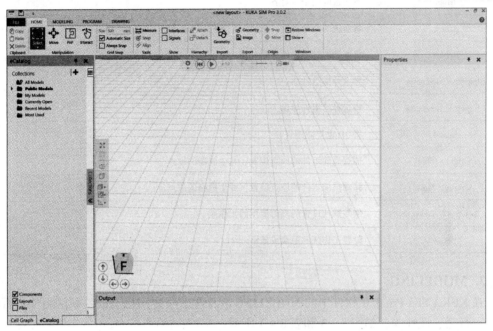

图 8 - 2 HOME 界面

表 8 - 2 HOME 界面命令表

名称	功能
Copy	将选择的内容复制到剪贴板
Paste	将剪贴板的内容添加到 3D 世界内
Delete	将选择的内容删除
Select	选择单个或多个组件
（Manipulation）Move	将所选的组件在 3D 世界内依照世界坐标系的方向移动
PnP	单击所选的组件不松手在 3D 世界内随意拖动（Z 方向不会改变）
Interact	关节运动
Automatic Size	选中时：不可以设置移动距离（Size） 未选中时：可以设置移动距离（Size）
Always Snap	选中时：每次移动的距离为移动距离（Size） 未选中时：每次移动的距离为鼠标移动或拖动的距离
Measure	测量距离或角度

续表

名称	功 能
(Tools) Snap	将所选的组件移动到指定位置
Align	将所选的两个点对齐
Attach	将所选的两个部件，形成一个新的父子组件
Detach	将所选的父子组件拆除
(Import) Geometry	导入外部组件
(Export) Geometry	将选择的组件导出
Image	将3D世界截图保存
(Origin) Snap	捕捉当前组件的原点位置，并生成新的原点
(Origin) Move	移动当前组件的原点位置，并生成新的原点
Restore Windows	恢复默认设置的当前使用的工作区
Show	设置工作区的隐藏或显示

3. MODELING

在 KUKA Sim Pro 3.0 软件中的 MODELING 界面里，可以对已有的、新的组件进行添加功能、行为、属性等，如图 8 – 3 和表 8 – 3 所示。

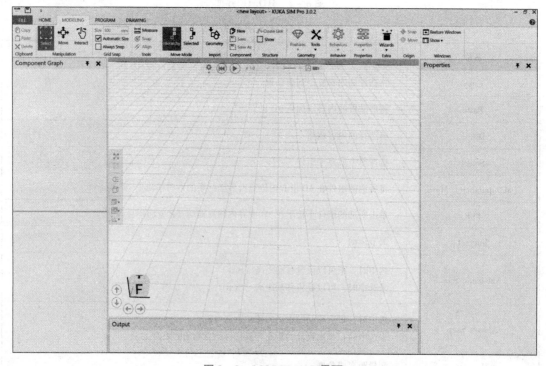

图 8 – 3 MODELING 界面

表 8 – 3　MODELING 界面命令表

名称	功　　　能
Hierarchy	移动、捕捉和对齐将影响所选的特征或节点/关节及其子节点
Selected	移动、捕捉和对齐将仅影响所选的要素或节点/关节，而不会影响子节点
New	创建一个新的组件
Save	保存
Save As	另存为
Create Link	创建一个新的节点在所选的节点上
Show	选中时：显示当前所选组件的节点 未选中时：不显示当前所选组件的节点
Features	添加组件的功能
Tools	添加组件的使用工具
Behaviors	添加组件的行为
Properties	添加组件的属性
Wizards	添加组件的向导

4. PROGRAM

在 KUKA Sim Pro 3.0 软件中的 PROGRAM 界面里，可以操作机器人和对机器人进行编程，如图 8 – 4 和表 8 – 4 所示。

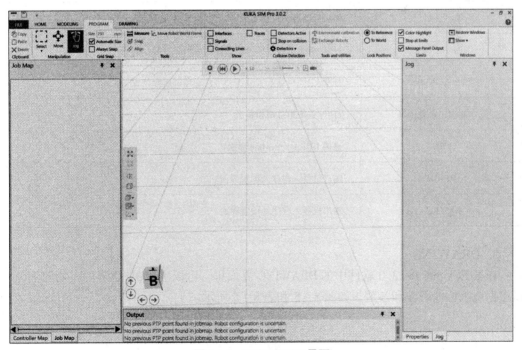

图 8 – 4　PROGRAM 界面

表 8 - 4 PROGRAM

界面命令表

名称	功　能
Move Robot World Frame	允许移动世界坐标系位置
Interfaces	打开/关闭显示组件的外接通信信号
Signals	打开/关闭显示组件的外接输入输出信号
Connecting Lines	打开/关闭显示机器人示教点位按循序连接线
Traces	打开/关闭显示机器人运动轨迹
Detectors Active	打开/关闭碰撞检测
Stop on Collision	打开/关闭碰撞停止仿真运行
Detectors	碰撞检查设置
Environment calibration	3D 世界内组件的环境校准
Exchange Robots	使用不同的机器人交换所选的机器人，以便保留机器人程序、刀具、基坐标的配置和所有接口连接
To Reference	锁定机器人参考位置
To World	锁定机器人的世界坐标
Color Highlight	打开/关闭机器人关节运动超过极限位置时颜色突出
Stop at limits	打开/关闭机器人关节运动不允许超过极限位置
Message Panel Output	打开/关闭消息面板输出
VRC	连接 KUKA OfficeLite 界面
IMPORT	输入机器人程序及设置界面
EXPORT	输出机器人程序及设置界面

5. DRAWING

在 KUKA Sim Pro 3.0 软件中的 DRAWING 界面里，可以生成 3D 世界的布局图纸，并可以根据要求标注备注和参数，如图 8 - 5 和表 8 - 5 所示。

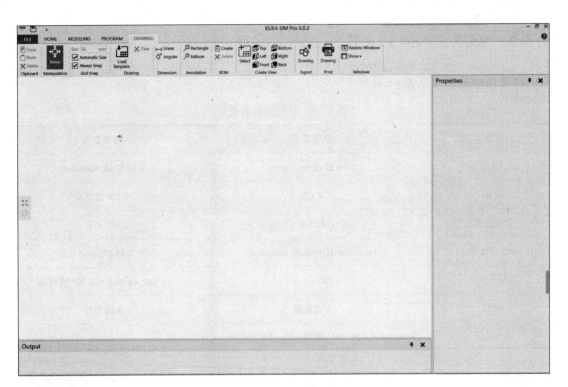

图 8 - 5   DRAWING 界面

表 8 - 5   DRAWING 界面指令表

名称	功能
Load Template	生成一个打印的图纸，并选择图纸的大小
Clear	删除当前图纸
Linear	测量两条线之间的距离
Angular	测量两条线交叉的夹角角度
Rectangle	添加一个标注。格式：1
Balloon	添加一个标注。格式：①
Create	添加一个材料清单
Delete（BOM）	删除材料清单
Select	在 3D 世界内捕捉一个画面到图纸内
Top/Bottom/Left/Right/Front/Back	选择 3D 世界视图导入图纸中
Drawing（Export）	导出为 PDF 格式
Drawing（Print）	打印图纸

8.3.3　KUKA Sim Pro 软件安装前准备

计算机配置要求见表 8 - 6。

表 8 - 6　计算机配置要求

硬件	最低要求	推荐配置
CPU	Intel i5 或 equivalent	Intel i7 或 equivalent
内存	4 GB	8 GB 或更高
可用磁盘	40 GB	40 GB
图形适配器	Integrated HD440 或 equivalent	NVIDIA Graphic Card
屏幕分辨率	1 280 ×1 024	1 920 ×1 080 Full HD 或更高
鼠标	3 键鼠标	3 键鼠标
操作系统	Windows 7（64 bit）或 Windows 10（64 bit）	

8.3.4　KUKA Sim Pro 软件 3D 世界如何操作做视图

KUKA Sim Pro
导入模型

（1）3D 世界视图放大缩小：鼠标滚轮滚。
（2）3D 世界视图移动：鼠标左键 + 鼠标右键 + 移动鼠标。
（3）3D 世界视图旋转：鼠标右击 + 移动鼠标。

8.3.5　KUKA Sim Pro 软件加载工业机器人及周边模型介绍

在 KUKA Sim Pro 中可以在 3D 世界内导入软件内部的或外部的 3D 模型进行布局，更真实地进行仿真模拟。

1. KUKA Sim Pro 软件内部模型加载到 3D 世界内

在 HOME 界面内，选择 eCatalog 下拉菜单，根据图 8 - 6 中的地址双击"KR 10 R900 sixx"机器人。

导入的机器人现在的位置在 3D 世界的原点位置，如图 8 - 7 所示。如需要将模型导入自己所需的位置，可以按以下步骤操作。

（1）找到所需的模型。
（2）按住鼠标左键不松。
（3）将鼠标指针移动到 3D 世界内，停在需要放置模型的位置，松开鼠标左键。

2. KUKA Sim Pro 软件外部模型导入 3D 世界内

KUKA Sim Pro 支持很多主流的 CAD 格式，如 CATIA V、JT、STEP、Parasolid 等。

（1）首先单击"Geometry"图标按钮，如图 8 - 8 所示。

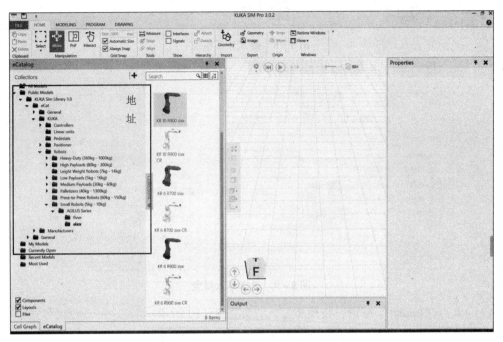

图 8 - 6　导入模型

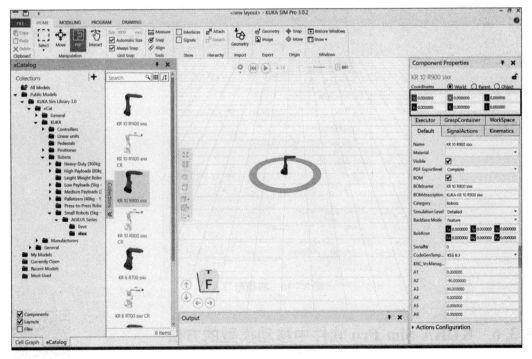

图 8 - 7　模型导入完成

图 8-8　导入外部模型

（2）选择模型并打开，如图 8-9 所示。

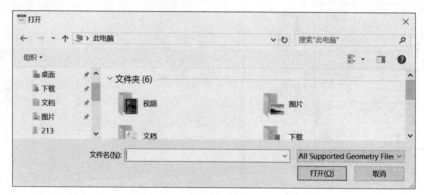

图 8-9　选择导入模型

（3）单击"Import"按钮，将模型导入，如图 8-10 所示。

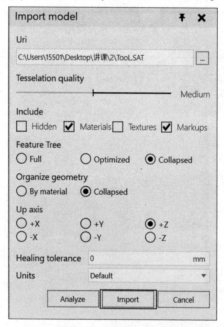

图 8-10　将模型导入

8.3.6　KUKA Sim Pro 软件中移动模型的方法

1. Move

（1）首先在 Home 界面中单击"Move"图标按钮，如图 8-11 所示。

KUKA Sim Pro
软件中控制
机器人的移动

图 8 - 11　单击 "Move" 图标按钮

（2）此时 3D 世界内的机器人上出现了一个坐标系，只需单击其中的一个轴，就可以以这个轴的方向移动机器人或旋转机器人，如图 8 - 12 所示。

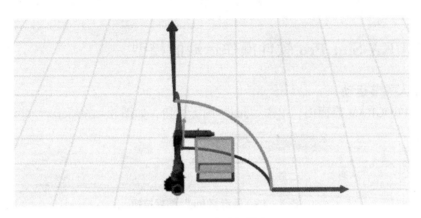

图 8 - 12　移动机器人

2. PnP

（1）首先在 Home 界面内，单击 "PnP" 图标按钮，如图 8 - 13 所示。

（2）单击蓝色圆环内不松手，就可以拖着机器人移动（Z 轴不会改变）。单击蓝色圆环可以旋转机器人（围绕着 Z 轴旋转），如图 8 - 14 所示。

图 8 - 13　单击 "PnP" 图标按钮

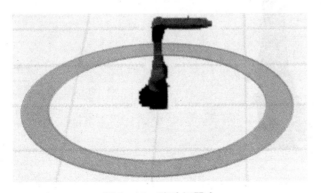

图 8 - 14　移动机器人

3. 模型移动距离设定（见图 8 – 15）

Size：移动距离。

Automatic Size：是否允许修改 Size。

Always Snap：移动时 Size 值是否有效。

图 8 – 15　修改移动参数

8.3.7　KUKA Sim Pro 软件操作运动的模型

1. 机器人关节运动

（1）在 PROGRAM 界面内，单击"Jog"图标按钮，如图 8 – 16 所示。

图 8 – 16　单击"Jog"图标按钮

（2）单击选择机器人模型的关节轴不松手，就可以移动机器人的关节轴。

（3）在"Joints"菜单下，移动角度条或者直接输入角度值，就可以移动关节轴了，如图 8 – 17 所示。

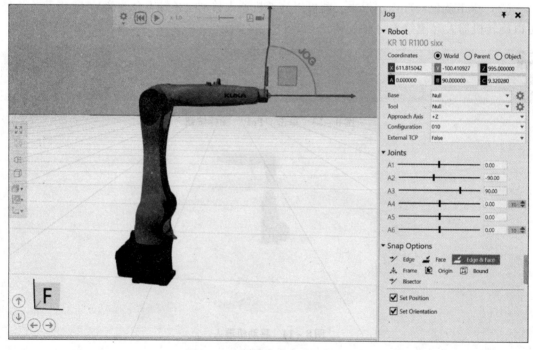

图 8 – 17　关节运动移动机器人

2. 机器人线性运动

单击选择机器人法兰坐标系不松手，就可以拖动机器人线性移动了，如图 8 – 18 所示。

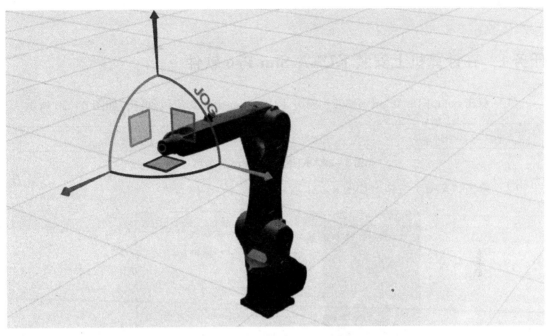

图 8 – 18　线性运动移动机器人

3. 机器人重定位运动

单击机器人法兰坐标系不松手，就可以拖动机器人重定位移动了，如图 8 – 19 所示。

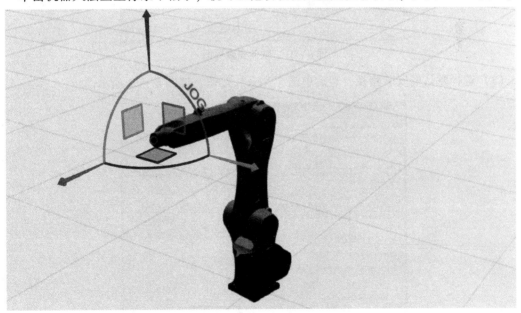

图 8 – 19　重定位运动移动机器人

8.4 任 务 实 现

任务1　在计算机上安装 KUKA Sim Pro 软件

（1）双击 SetupKUKASimPro_302，打开 KUKA Sim Pro 安装包软件，如图 8 - 20 所示。

| SetupKUKASimPro_302 | 2016/8/4 15:15 | 应用程序 | 197,864 KB |

图 8 - 20　KUKA Sim Pro 安装包

（2）单击"Next"按钮，如图 8 - 21 所示。

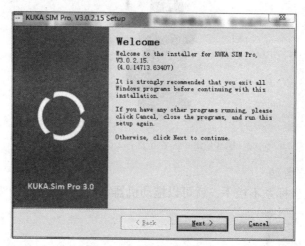

图 8 - 21　软件安装界面

（3）选择默认的安装路径，然后单击"Next"按钮，如图 8 - 22 所示。

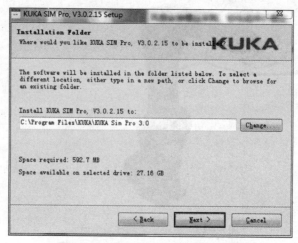

图 8 - 22　选择默认的安装路径界面

（4）同意协议，单击"Next"按钮，如图 8 – 23 所示。

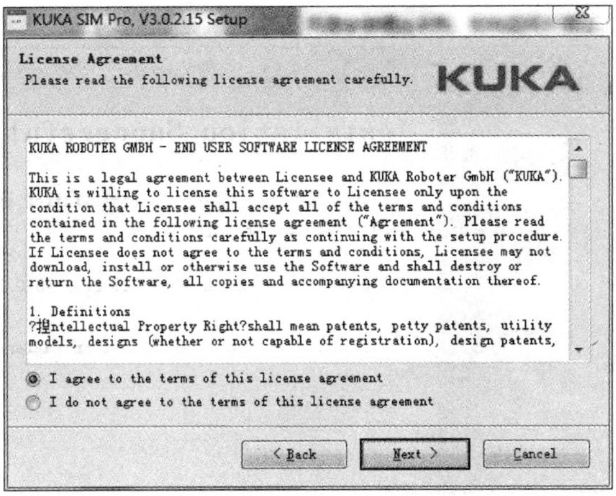

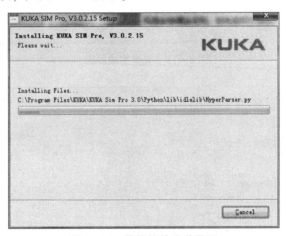

图 8 – 23　同意协议界面

（5）等待软件安装，如图 8 – 24 所示。

图 8 – 24　等待软件安装界面

注意：KUKA Sim Pro V3.0.2 后续的版本软件界面为中文版，但是操作和功能与当前版本一致。

（6）安装完成，单击"Finish"按钮，如图 8 – 25 所示。

任务 2　搭建一个简单的机器人工作站

1. 导入机器人

（1）选择"KR 40 PA"机器人本体，如图 8 – 26 所示。

（2）双击"KR 40 PA"机器人导入，并确认机器人在原点位置，如图 8 – 27 所示。

2. 导入机器人工具并安装在机器人上面

（1）选择机器人工具，如图 8 – 28 所示。

（2）双击"Vacuum Gripper"工具导入，并确认工具在原点位置，如图 8 – 29 所示。

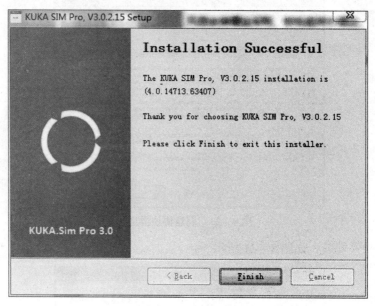

图 8 – 25 安装完成界面

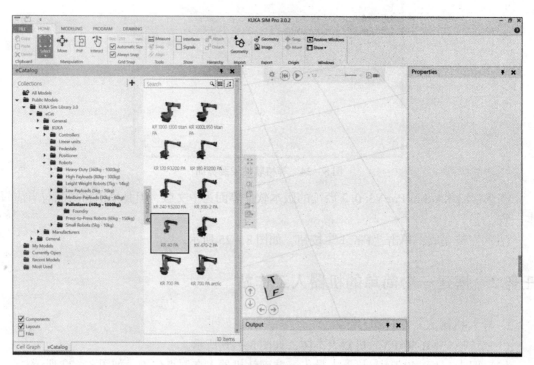

图 8 – 26 选择导入机器人

图 8 - 27　机器人导入完成

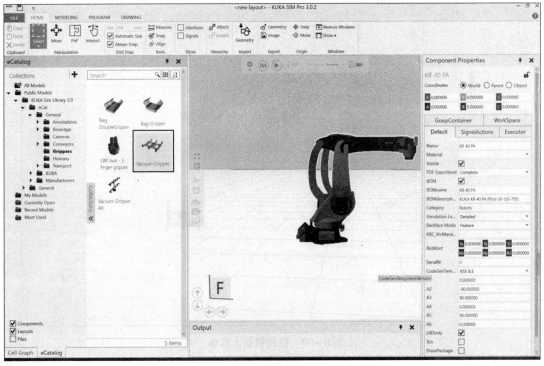

图 8 - 28　选择机器人工具

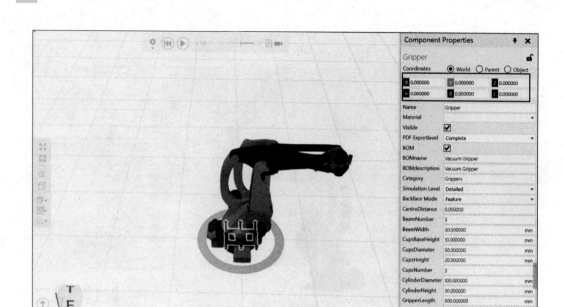

图 8 – 29　导入工具完成

（3）在"Cell Graph"侧拉菜单里，选择"KR 40 PA"，单击后面的"眼"图标，将"KR 40 PA"机器人本体隐藏（再次单击"眼"图标，则恢复显示），如图 8 – 30 所示。

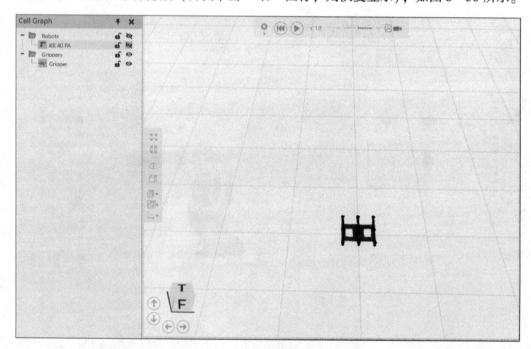

图 8 – 30　隐藏机器人本体

（4）单击"Vacuum Gripper"工具，在"Component Properties"属性窗口，将 X 的值修改为 1 000，并将"KR 40 PA"机器人本体恢复显示，如图 8 – 31 所示。

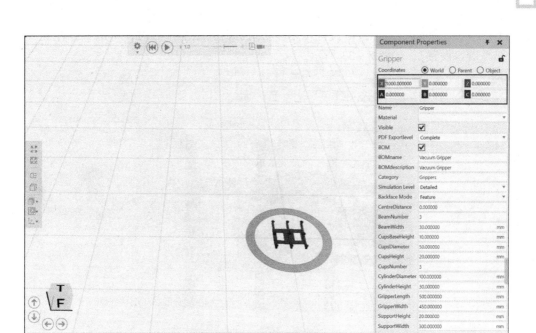

图 8 – 31　修改工具位置

（5）首先单击"Select"后，再单击"Vacuum Gripper"工具（第（6）、（7）步操作时，必须是在选定"Vacuum Gripper"工具后才能操作），如图 8 – 32 所示。

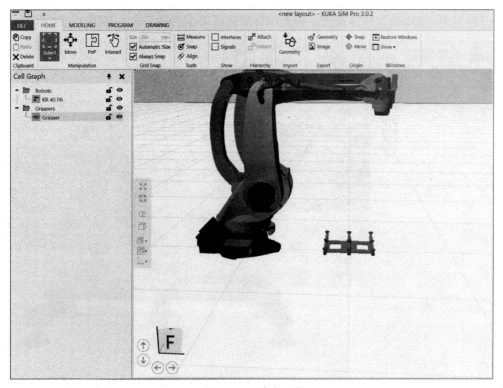

图 8 – 32　选定工具

注意：此操作为选择一个物体。

（6）单击"Snap"图标按钮，将光标移动到机器人法兰中心时，单击鼠标左键（注意Snap熟悉窗口设置），如图8-33所示。

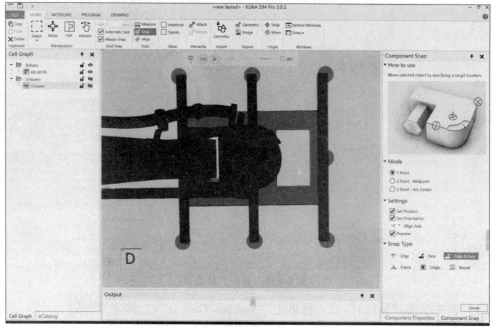

图8-33　将工具移动到法兰中心

（7）单击"Attach"图标按钮，将光标移到机器人法兰后单击，如图8-34所示。

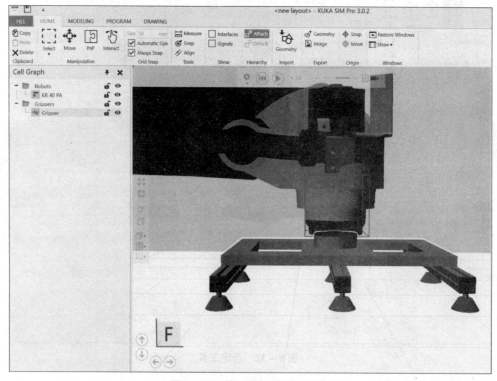

图8-34　将工具安装到法兰上

（8）单击"Interact"图标按钮，单击图 8 – 35 中标记的关节轴不松手，移动鼠标指针检查工具是否安装在机器人法兰上（如有问题请认真核对操作步骤）。

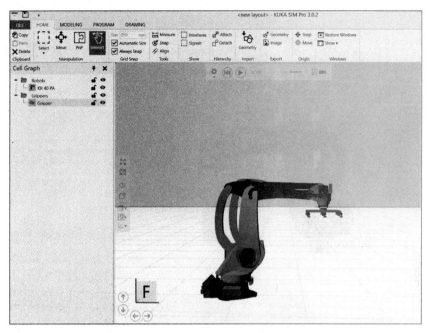

图 8 – 35　关节移动机器人关节轴

3. 导入一个箱子（箱子尺寸：600 mm × 600 mm × 400 mm）安装在机器人前方
   1 500 mm 位置

（1）导入"Block"箱子，如图 8 – 36 所示。

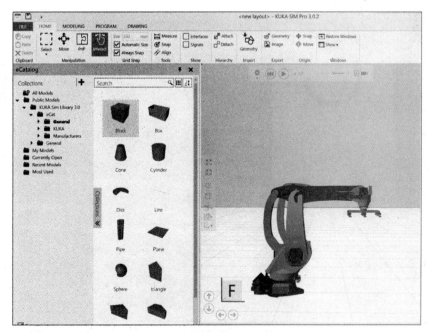

图 8 – 36　导入箱子

（2）在箱子属性窗口，设定箱子大小与位置，如图8-37所示。

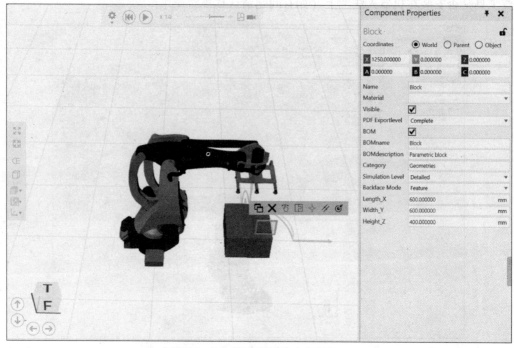

图8-37 设定箱子大小和位置

如没有箱子属性窗口，可回顾如何选择一个物体。

4. 保存当前工作站

保存名称为"KUKA8.4.2"，如图8-38所示。

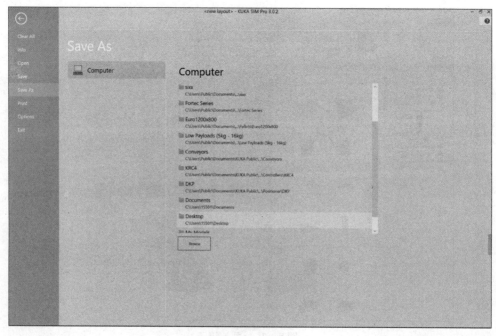

图8-38 保存

任务 3　使用 KUKA Sim Pro 软件生成当前工作站的布局图

（1）将界面切换到 DRAWING 界面，如图 8-39 所示。

图 8-39　DRAWING 界面

（2）首先单击"Load Template"图标按钮，选择"Drawing Template A4"选项，单击"Import"按钮加载一张 A4 的图纸，如图 8-40 所示。

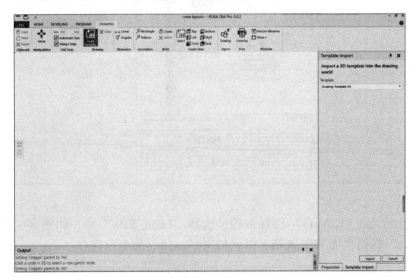

KUKA Sim Pro 软件生成工作站能运行的 PDF 文档

图 8-40　加载图纸

（3）单击"Front"图标按钮，将比例修改为 1:20，如图 8-41 所示。

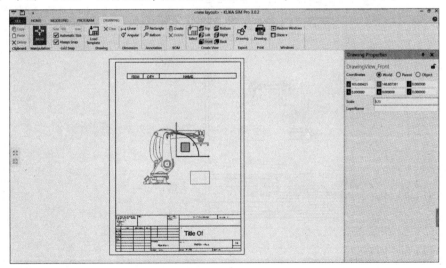

图 8-41　加载侧面视图

（4）单击"Create"按钮，加入材料清单，如图 8 - 42 所示。

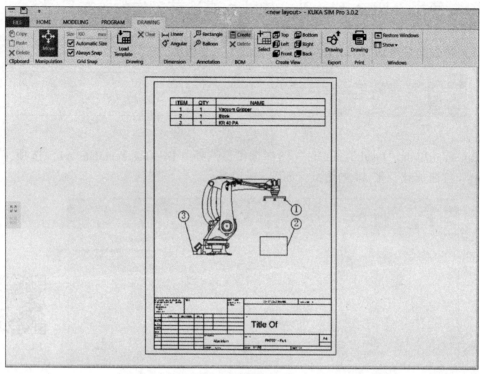

图 8 - 42　加入材料清单

（5）单击"Drawing（Export）"图标按钮，选择"Static PDF"后，如图 8 - 43 所示，然后单击"Export"按钮生成 PDF 文档，以"KUKA8. 4. 3"为名称保存。

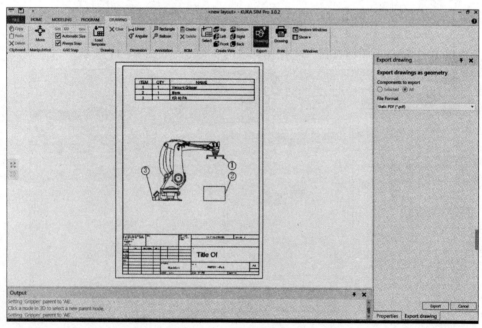

图 8 - 43　生成 PDF 文档

8.5 考 核 评 价

考核任务 1 安装 KUKA Sim Pro 软件

要求：能够正确、快速地安装 KUKA Sim Pro 软件。

考核任务 2 熟练掌握 KUKA Sim Pro 软件的基本操作方式

要求：
（1）能够熟练地使用鼠标操作 3D 世界内的视图转换。
（2）通过自己探索看看 KUKA 模型库中的文件分类。
（3）重复练习修改模型位置的方法。
（4）熟练地控制机器人的 3 种运动。

考核任务 3 生成一张更复杂机器人布局图

要求：
（1）加入箱子的尺寸标注。
（2）生成更多视角的图纸（至少 3 张）。

项目 9

KUKA OffceLite 虚拟示教器软件基本操作

9.1 项 目 描 述

本项目介绍 KUKA OfficeLite 虚拟示教器的运行条件、KUKA OfficeLite 虚拟示教器的界面、与 KUKA Sim Pro 连接前的配置、如何与 KUKA Sim Pro 连接等内容。

9.2 教 学 目 的

通过本项目的学习，可以学会 KUKA OfficeLite 虚拟示教器与 KUKA Sim Pro 如何连接，使用 KUKA OfficeLite 虚拟示教器编写程序。

9.3 知 识 准 备

9.3.1 KUKA OfficeLite 虚拟示教器运行条件

KUKA OfficeLite 虚拟示教器软件要求在虚拟机内运行，虚拟机配置可查看表 9 – 1。

本项目提供的虚拟机 "KUKA. OfficeLite V8.3 备份"，存储在 "工业机器人仿真与离线编程\KUKA\项目 9" 中。请先进行解压后，通过参照 "KUKA OfficeLite To apply for serial number" 文档，获取序列号。

9.3.2 KUKA Sim Pro 软件与 KUKA OfficeLite 虚拟示教器连接设置

（1）启动虚拟机，双击打开桌面上名为 "hosts" 的文件，如图 9 – 1 所示。

（2）在虚拟机内，修改 "hosts" 文件内的虚拟机 IP 地址和计算机的 IP 地址，如图 9 – 2 所示。

KUKA_CREATE：为虚拟机 IP 地址。

502VPFJMKPPR8FI：为计算机 IP 地址。

注意：只需要修改名称前的 IP 地址。

表 9 - 1　虚拟器配置

运行系统	Windows 7
内存	2 GB
处理器	2
硬盘	40 GB

图 9 - 1　打开 hosts 文件

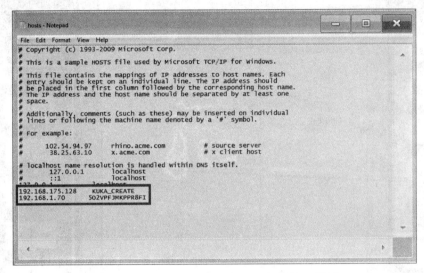

图 9 - 2　修改虚拟机内"hosts"文件的 IP 地址

（3）在计算机内，修改"hosts"文件内的虚拟机 IP 地址和计算机的 IP 地址，如图 9 - 3 所示。

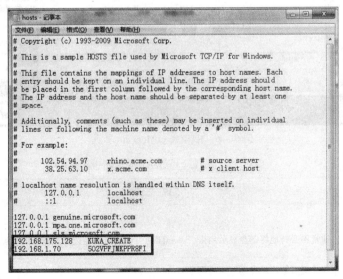

图 9 - 3　修改计算机内"hosts"文件的 IP 地址

在计算机内"hosts"文档的位置：C：\windows\system32\drivers\etc。将虚拟机内"hosts"文档中刚修改的IP地址复制到计算机内的"hosts"文件中。

9.3.3 KUKA OfficeLite 软件虚拟示教器界面介绍

KUKA OfficeLite界面如图9-4所示，其说明见表9-2。

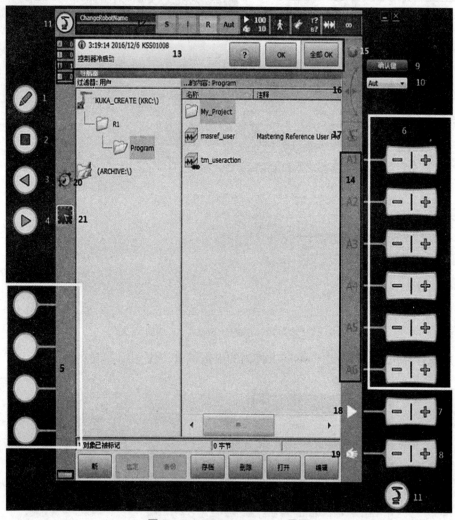

图9-4 KUKA OfficeLite 界面

表9-2 KUKA OfficeLite 界面说明

序号	说　明
1	键盘按键 显示键盘。通常不必特地将键盘显示出来，smartHMI可识别需要通过键盘输入的情况并自动显示键盘
2	停止键。用停止键可暂停正在运行中的程序

续表

序号	说　　明
3	逆向启动键。用逆向启动键可逆向启动一个程序。程序将逐步运行
4	启动键。通过启动键可启动一个程序
5	工艺键。工艺键主要用于设定工艺程序包中的参数。其确切的功能取决于所安装的工艺程序包
6	移动键。用于手动移动机器人
7	用于设定程序倍率的按键
8	用于设定手动倍率的按键
9	机器人上电键
10	选择机器人运行模式
11	主菜单按键。用来在 smartHMI 上将菜单项显示出来
12	状态栏
13	提示信息计数器 提示信息计数器显示每种提示信息类型各有多少条提示信息。触摸提示信息计数器可放大显示。 信息窗口 根据默认设置将只显示最后一条提示信息。触摸提示信息窗口可放大该窗口并显示所有待处理的提示信息。 可以被确认的提示信息可用"OK"键确认。所有可以被确认的提示信息可用"全部 OK"键一次性全部确认
14	移动键标记 　　如果选择了与轴相关的移动，这里将显示轴号（A1、A2 等）。如果选择了笛卡儿式移动，这里将显示坐标系的方向（X、Y、Z、A、B、C）。 　　触摸标记会显示选择了哪种运动系统组
15	6D 鼠标的状态显示 该显示会显示用 6D 鼠标手动移动的当前坐标系。触摸该显示就可以显示所有坐标系并可以选择另一个坐标系
16	显示 6D 鼠标定位 触摸该显示会打开一个显示 6D 鼠标当前定位的窗口，在窗口中可以修改定位
17	移动键的状态显示 该显示可显示用移动键手动移动的当前坐标系。触摸该显示可以显示所有坐标系并可以选择另一个坐标系
18	程序倍率

续表

序号	说　明
19	手动倍率
20	WorkVisual 图标 通过触摸该图标可至窗口项目管理
21	时钟 时钟显示系统时间。触摸时钟就会以数码形式显示系统时间以及当前日期

9.4　任务实现

任务1　使用 KUKA Sim Pro 连接 KUKA OfficeLite 虚拟示教器

（1）打开 KRTRobot_simulat_9 工作站，如图 9-5 所示（工作站保存路径：工业机器人仿真与离线编程/KUKA/项目 9）。

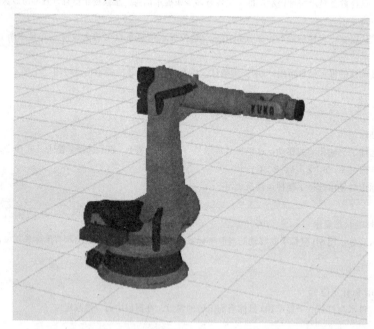

KUKA Sim Pro
软件连接 KUKA
OfficeLite 虚拟
示教器软件

图 9-5　KRTRobot_simulat_9 工作站

（2）打开虚拟机，等虚拟机启动后，再进行下一步。

（3）在 PROGRAM 界面中选择 VRC 界面，单击"Connect"按钮，连接 KUKA OfficeLite，如图 9-6 所示。

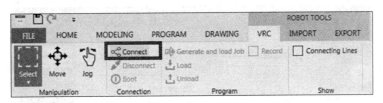

图 9 - 6　单击 "Connect" 按钮

（4）在图 9 - 7 中输入需要连接的虚拟机 IP 地址，按回车键，然后单击 "Connect"
按钮。

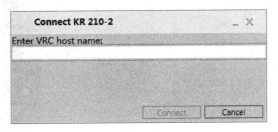

图 9 - 7　输入虚拟机 IP 地址

（5）在图 9 - 8 中选择机器人的系统和型号后，按回车键，然后单击 "OK" 按钮。

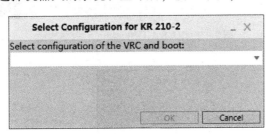

图 9 - 8　选择机器人的系统和型号

（6）这时可以查看虚拟机内，KUKA OfficeLite 软件正在自动启动。

任务 2　使用虚拟示教器软件移动机器人

（1）KUKA OfficeLite 示教器界面，如图 9 - 9 所示。

（2）选择 "T1" 模式，如图 9 - 10 所示。

（3）单击 "确认键" 按钮，给机器人上电，如图 9 - 11 所示。

（4）机器人上电后，关节轴指示灯会亮绿灯（如图 9 - 12 中 1 所示），可以单击各关节
轴的移动按键（如图 9 - 12 中 2 所示）移动机器人，当你觉得机器人移动速度比较慢时，
可以单击手动移动速度控制键（如图 9 - 12 中 3 所示）改变机器人速度。

（5）单击 "移动键的状态显示" 图标按钮，可以切换机器人的移动模式，如图 9 - 13
所示。

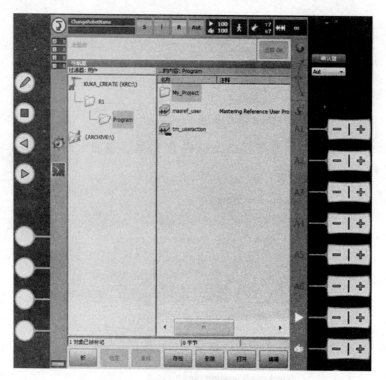

图 9 – 9　KUKA OfficeLite 示教器界面

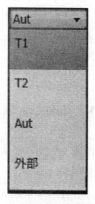

图 9 – 10　选择"T1"模式

图 9 – 11　单击"确认键"按钮

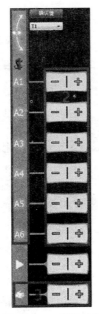

图 9 – 12　操作按键

（6）选择世界坐标系线性移动模式，移动机器人，如图 9 – 14 所示。

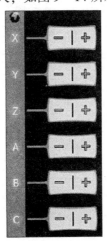

图 9 – 13　机器人的移动模式　　图 9 – 14　世界坐标系线性移动模式

注意：移动机器人的时候，可以通过观察 KUKA Sim Pro 软件 3D 世界，看机器人是如何移动的。

任务 3　使用虚拟示教器编写一个移动程序

（1）单击"新"按钮新建一个程序，如图 9 – 15 所示。

KUKA OffceLite
虚拟示教器
软件编写程序

图 9 – 15　单击"新"按钮

271

（2）给新建的程序起个名称，如图9－16所示。

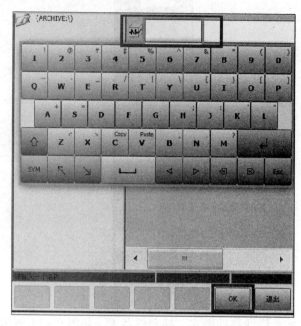

图9－16　输入程序名称

（3）选择刚创建的程序，单击"选定"按钮，打开程序，如图9－17所示。

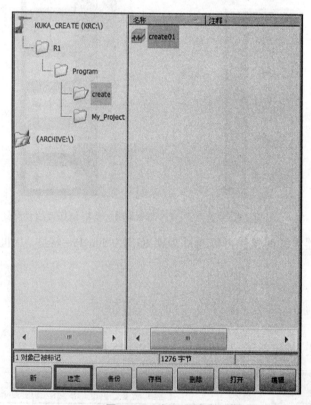

图9－17　打开程序

（4）打开程序后，显示程序的初始结构，如图 9 – 18 所示。

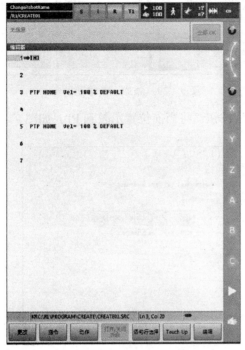

图 9 – 18　程序的初始结构

（5）单击 "PTP HOME Vel = 100% DEFAULT" 指令后，单击 "Touch – Up" 按钮，示教机器人的当前位置为 HOME 点，如图 9 – 19 所示。

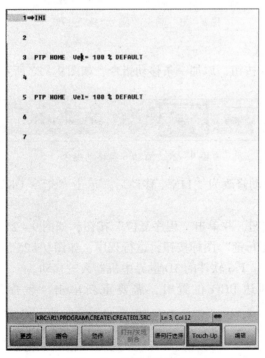

图 9 – 19　示教 HOME 点

（6）移动机器人位置。

（7）单击"动作"按钮，添加一条移动指令，如图9-20所示。

图9-20　添加一条移动指令

（8）单击"指令OK"按钮，将当前位置示教到P1，如图9-21所示。

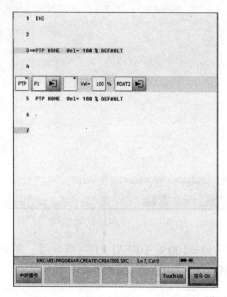

图9-21　单击"指令OK"按钮

（9）移动机器人位置。

（10）单击"动作"按钮，添加一条移动指令，如图9-22所示。

图9-22　添加一条移动指令

（11）将"PTP"移动修改为"LIN"移动后，单击"指令OK"按钮，将当前位置示教到P2，如图9-23所示。

（12）单击"R"按钮，并单击"程序复位"按钮，如图9-24所示。

（13）单击"程序运行键"图标按钮，运行程序，如图9-25所示。

（14）观察KUKA Sim Pro软件的3D世界中机器人的移动。

注意：当机器人到达BCO位置时，需要重新单击"程序运行键"按钮程序才会运行。

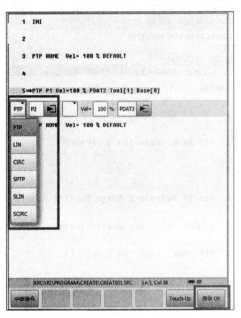

图 9 – 23　确认指令

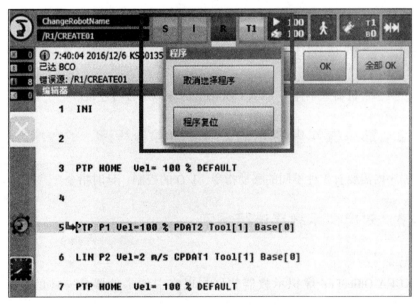

图 9 – 24　程序初始化

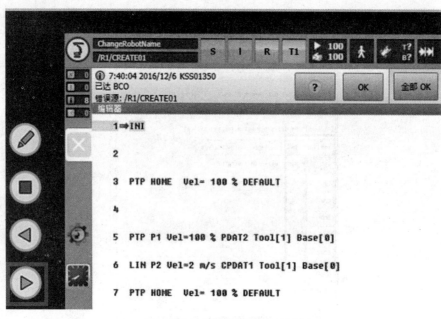

图9-25　运行程序

9.5　考 核 评 价

考核任务1　熟练掌握虚拟示教器的基本操作方法

要求：更换一台机器人本体与 KUKA OfficeLite 虚拟示教器连接。

考核任务2　熟练操作虚拟示教器编写 KRL 程序

要求：程序内需要有3种不同的移动指令、I/O 的控制、延时指令。

考核任务3　对虚拟示教器进行探索

要求：无。

提示：KUKA OfficeLite 虚拟示教器软件与现实中的示教器是一样的，所以 KUKA OfficeLite 的功能很强大。

项目 10

KUKA Sim Pro 软件搬运码垛流水线的应用

10.1 项目描述

本项目介绍在 KUKA Sim Pro 中如何创建工具坐标，在 KUKA Sim Pro 中如何创建工件坐标，KUKA Sim Pro 中的上料机、输送线以及 KUKA Sim Pro 中内部输出信号的功能和 Job Map 工具栏等内容。

10.2 教学目的

通过本项目的学习，可以学会在 KUKA Sim Pro 中创建工具坐标，在 KUKA Sim Pro 中设定上料机和输送线，学会使用 KUKA Sim Pro 中的内部输出信号的功能，学会在 Job Map 工具栏中编写程序等。

10.3 知识准备

10.3.1 KUKA Sim Pro 软件创建工具坐标

（1）在 PROGRAM 界面内，单击"Controller Map"选项框，就可以看到机器人系统内的相关数据组了，如图 10 – 1 所示。

（2）在"Controller Map"选项框内，打开"Tools"数据组，单击"TOOL_DATA［1］"工具数据，可以单击软件右侧的"Tool Properties"面板查看"TOOL_DATA［1］"的数据值，也可以在 3D 世界查看"TOOL_DATA［1］"的位置，如图 10 – 2 所示。

注意：当已经知道工具的数据时，也可以在"Tool Properties"面板中直接输入。

当前"TOOL_DATA［1］"的数据值如表 10 – 1 所列。

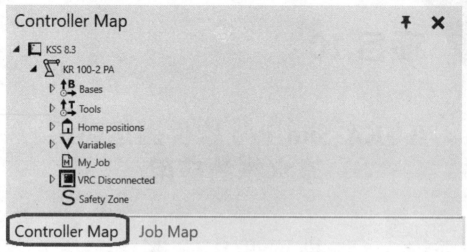

图 10 - 1　单击"Controller Map"选项框

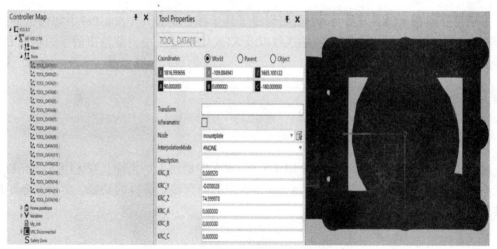

图 10 - 2　TOOL_DATA［1］数据的查看

表 10 - 1　"TOOL_DATA［1］"的数据值

KRC_X	0. 000520
KRC_Y	- 0. 000028
KRC_Z	74. 999878
KRC_A	0. 000000
KRC_B	0. 000000
KRC_C	0. 000000

（3）在 PROGRAM 界面内，单击"Snap"图标按钮（见图 10 - 3），然后在工具上面选择要示教为"TOOL_DATA［1］"的位置（见图 10 - 4），单击鼠标左键设定完成（见图 10 - 5）。

图 10 - 3　单击"Snap"图标按钮

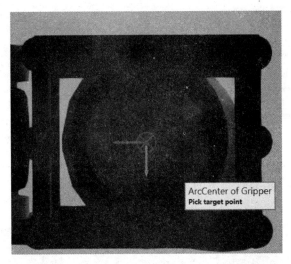

图 10 - 4　选择"TOOL_DATA［1］"位置

图 10 - 5　完成"TOOL_DATA［1］"设置

10.3.2　KUKA Sim Pro 软件创建工件坐标

（1）在 PROGRAM 界面内，单击"Controller Map"选项框，就可以看到机器人系统内的相关数据组了，如图 10 - 6 所示。

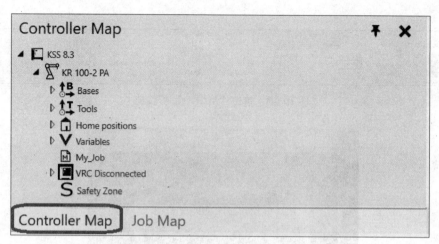

图 10 – 6   "Controller Map" 选项框

（2）在"Controller Map"选项框内，打开"Bases"数据组，单击"BASE＿DATA [1]"工具数据，可以单击软件右侧的"Base Properties"面板查看"BASE_DATA [1]"的数据值，如图 10 – 7 所示。也可以在 3D 世界查看"BASE_DATA [1]"的位置。

图 10 – 7   查看"BASE_DATA [1]"数据

当前"BASE_DATA [1]"的数据值如表 10 – 2 所示。

表 10 – 2   "BASE_DATA [1]"的数据值

KRC_X	– 539. 885462
KRC_Y	– 1316. 593684
KRC_Z	143. 219489
KRC_A	– 90. 000000
KRC_B	0. 000000
KRC_C	0. 000000

（3）在 PROGRAM 界面内，单击"Snap"图标按钮（见图 10 - 8），然后在工具上面选择要示教为"BASE_DATA［1］"的位置（见图 10 - 9），单击鼠标则设定完成（见图 10 - 10）。

图 10 - 8　单击"Snap"图标按钮

图 10 - 9　选择"BASE_DATA［1］"的位置

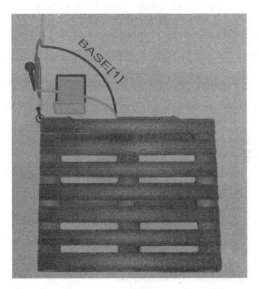

图 10 - 10　完成"BASE_DATA［1］"设置

10. 3. 3　KUKA Sim Pro 软件中上料机介绍

上料机如图 10 - 11 所示。

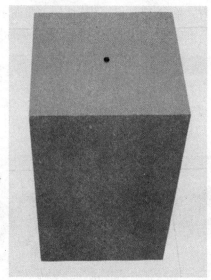

图 10 – 11   上料机

（1）在 HOME 界面，单击"Select"图标按钮，如图 10 – 12 所示。

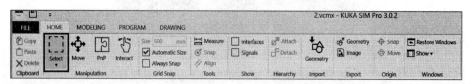

图 10 – 12   单击"Select"图标按钮

（2）单击软件右侧的"Component Properties"，打开上料机的属性面板，如图 10 – 13 所示。下面对上料机的重要属性进行介绍。上料机重要参数介绍见表 10 – 3。

图 10 – 13   上料机属性面板

表 10 – 3　上料机重要参数介绍

名　称	功　能　说　明
ConveyorLength	上料机的长度
ConveyorWidth	上料机的宽度
ConveyorHeight	上料机的高度
Interval	触发出料的时间
Limit	出料数量
Part	选择物料的地址
Capacity	上料机的容量
Speed	物料移动的速度

10.3.4　KUKA Sim Pro 软件中输送线的介绍

搬运码垛流水线
工作站的布局

输送线如图 10 – 14 所示。

图 10 – 14　输送线

（1）在 HOME 界面，单击"Select"图标按钮，如图 10 – 15 所示。

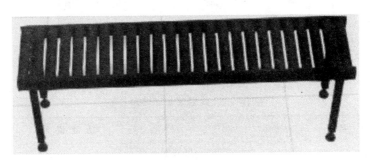

图 10 – 15　单击"Select"图标按钮

（2）单击软件右侧的"Component Properties"，打开输送线的属性面板，如图 10 – 16 所示。下面对输送线的重要属性进行介绍，见表 10 – 4。

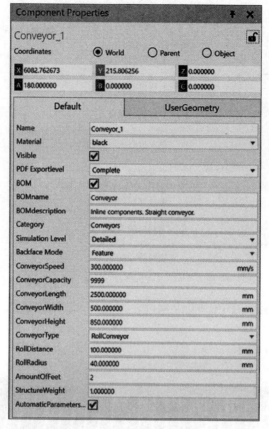

图 10 - 16　输送线属性面板

表 10 - 4　输送线重要参数介绍

名 称	功 能 说 明
ConveyorSpeed	输送线速度
ConveyorCapacity	输送线容量
ConveyorLength	输送线长度
ConveyorWidth	输送线宽度
ConveyorHeight	输送线高度
ConveyorType	输送线类型： BeltConveyor（带类型） RollConveyor（滚轴类型） ChainConveyor（链类型）
RollRadius	滚轴半径
AmountOfFeet	输送线脚数
StructureWeight	输送线重量

10.3.5　KUKA Sim Pro 软件中工具设定功能介绍

通常根据真实世界的机器人模型，机器人的输入和输出各自给出约 4 097 个端口。在 KUKA Sim Pro 内输出 1 至输出 100 的信号通常被定义为内部输出信号。详细功能可以查看表 10 – 5。

表 10 – 5　内部信号介绍

信　号	功　能
输出 1 至输出 16	执行抓取和释放动作
输出 17 至输出 32	开启机器人移动路径跟踪
输出 33 至输出 38	执行工具安装和卸载动作
输出 39 至输出 100	根据不同机器人而定

（1）工具的安装和卸载动作介绍。其参数如图 10 – 17 和表 10 – 6 所示。

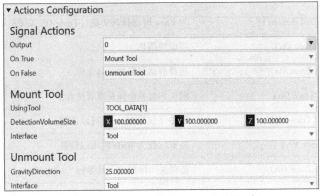

图 10 – 17　工具安装/卸载参数

表 10 – 6　工具的安装和卸载参数说明

参数	说　明
Output（Signal Actions）	选择输出的信号（输出 33 至输出 48）
On True（Signal Actions）	选择其功能（Mount Tool 安装工具）
On False（Signal Actions）	选择其功能（Unmount Tool 卸载工具）
Using Tool（Mount Tool）	选择工具数据
DetectionVolumeSize（Mount Tool）	工具的尺寸
Interface（Mount Tool）	安装接口
GravityDirection（Unmount Tool）	重力方向
Interface（Unmount Tool）	卸载接口

（2）机器人移动路径跟踪介绍。其参数及说明如图 10 −18 和表 10 −7 所示。

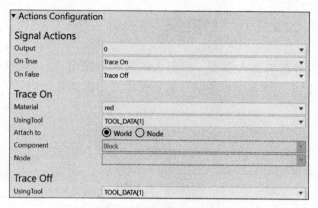

图 10 −18　机器人移动路径跟踪参数

表 10 −7　机器人移动路径跟踪参数说明

参数	说　明
Output（Signal Actions）	选择输出信号（输出 17 至输出 32）
On True（Signal Actions）	为 True 时选择其功能（Trace On 启动机器人移动路径跟踪）
On False（Signal Actions）	为 False 时选择其功能（Trace Off 关闭机器人移动路径跟踪）
Material（Trace On）	跟踪线颜色
Using Tool（Trace On）	选择启动跟踪的工具坐标
Attach to（Trace On）	附加到世界坐标系或者接点上
Component（Trace On）	零件（仅为 Node 时可以设置）
Node（Trace On）	关节（仅为 Node 时可以设置）
Using Tool（Trace Off）	选择关闭跟踪的工具坐标

（3）抓取和释放动作介绍。在 KUKA Sim Pro 中工具的抓取（True）和释放（False）动作，只要控制输出 1 的状态就可以了，无须设置参数。

10.3.6　防碰撞检测设置介绍

KUKA Sim Pro 3.0 软件的防碰撞检测设置，在软件的 PROGRAM 界面内。其选项及介绍如图 10 −19 ~ 图 10 −21 和表 10 −8 ~ 表 10 −10 所示。

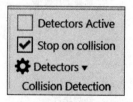

图 10 −19　防碰撞检测设置选项

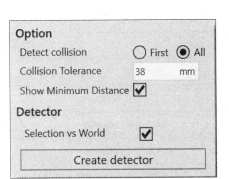

图 10 – 20　防碰撞检测参数设置

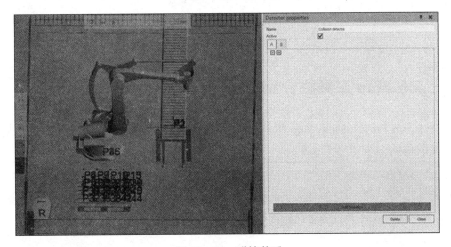

图 10 – 21　碰撞关系

表 10 – 8　防碰撞检测设置选项介绍

选项名称	功　　能
Detectors Active	（勾选）检测器有效
Stop on collision	（勾选）检测到碰撞则停止仿真
Detectors	打开防碰撞检测参数设置

表 10 – 9　防碰撞检测参数介绍

参数名称	功　　能
Detect collision	防碰撞检测功能有效时间
First	首次启动时
All	一直有效
Collision Tolerance	显示碰撞检测距离值
Selection vs World	自动选择 3D 世界内的模型与机器人的碰撞关系
Create detector	手动选择 3D 世界内的模型之间的碰撞关系

表 10-10　碰撞关系设置参数介绍

参数	介 绍
Name	输入名称
Active	(勾选) 有效
A	防碰撞检测检测体
B	防碰撞检测被测体
Add Selection	将当前选中的部件添加至当前的 A/B 中
Delete	删除本次的碰撞关系设置
Close	关闭

10.3.7　Job Map 工具栏介绍

在 KUKA Sim Pro 中的 Job Map 工具栏,主要用于对机器人进行编写程序,如图 10-22 所示,其参数说明见表 10-11。

图 10-22　Job Map 工具栏

表 10-11　Job Map 工具栏参数说明

参数	说 明
Touch Up The PTP or LIN point	示教当前的移动指令
Add PTPHOME command	添加一条以 PTP 移动到 HOME 点指令
Add PTP command	添加一条 PTP 移动指令
Add LIN command	添加一条 LIN 移动指令
Add CIRC command	添加一条 CIRC 移动指令
Add USERKRL command	添加一条 KRL 语言
Add COMMENT command	添加一条备注
Add WAIT command	添加一条延时指令
Add $IN command	添加一条 I/O 输入指令
Add $OUT command	添加一条 I/O 输出指令

续表

参数	说　明
Add HALT command	添加一条程序结束语句
Add FOLDER command	添加一条折叠语句
Add Subroutine	添加一个子函数
Add Call_ Subroutine command	添加一条子函数语句
Add Set Tool command	添加一条设置工具坐标的语句
Add Set Base command	添加一条设置工件坐标的语句
Add Assign variable command	添加一条设置 robot 变量或属性的值
Add IF command	添加一条 IF 语句
Add WHILE command	添加一条 WHILE 语句
Add PATH command	生成一条路径

10.3.8　程序介绍

1. 主函数

主函数如图 10 - 23 所示。

工作站编程 1

图 10 - 23　主函数

2. 抓取箱子子函数

抓取箱子子函数如图 10 - 24 所示。

工作站编程 2

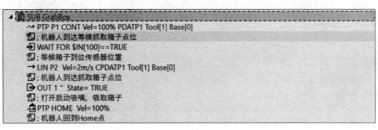

图 10 - 24　抓取箱子子函数

3. 码垛子函数

码垛子函数如图 10 – 25 所示。

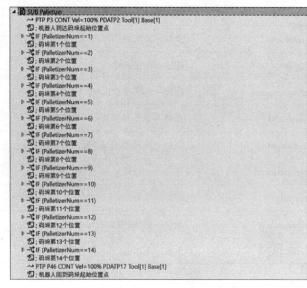

工作站编程 3

图 10 – 25　码垛子函数

10.4　任 务 实 现

首先打开 KRTRobot_simuBlat_10A 工作站，如图 10 – 26 所示（工作站保存路径：工业机器人仿真与离线编程/KUKA/项目 10）。

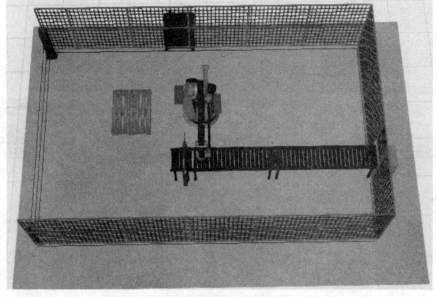

图 10 – 26　**KRTRobot_simuBlat_10A 工作站**

任务 1　设定机器人的工具坐标

（1）切换至 PROGRAM 界面，如图 10 – 27 所示。

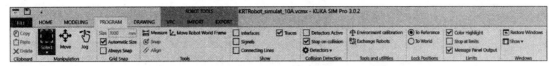

图 10 – 27　PROGRAM 界面

（2）单击 Controller Map 工具栏，如图 10 – 28 所示。

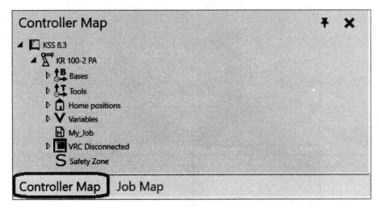

图 10 – 28　Controller Map 工具栏

（3）在"Controller Map"选项框内，打开"Tools"数据组，选择"TOOL_DATA［1］"
工具数据，如图 10 – 29 所示。

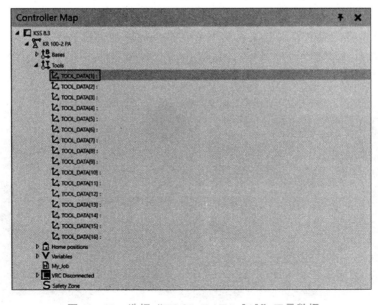

图 10 – 29　选择"TOOL_DATA［1］"工具数据

（4）在 PROGRAM 界面内，单击"Snap"图标按钮，如图 10-30 所示。

图 10-30 单击"Snap"图标按钮

（5）单击软件窗口右侧的"Tool Snap"按钮，确认"Tool Snap"的参数与图 10-31 所列一致。

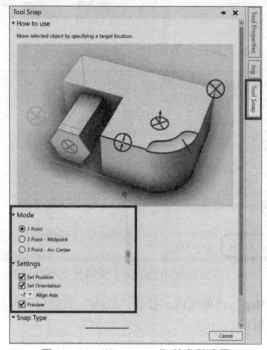

图 10-31 "Tool Snap"的参数设置

（6）将 3D 世界的界面移动到工具的下方，将光标移至工具最中心的吸盘，如图 10-32 左图所示，确认无误后单击，将当前位置作为"TOOL_DATA［1］"的工具坐标中心，如图 10-32 右图所示。

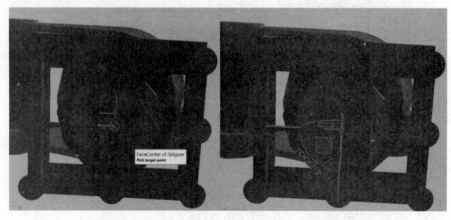

图 10-32 捕捉"TOOL_DATA［1］"工具坐标中心

（7）"TOOL_DATA［1］"的工具坐标就设定完成了，可以通过"Tool Properties"面板查看"TOOL_DATA［1］"的数据值，以确保无误。

任务 2　设定机器人的工件坐标

（1）切换至 PROGRAM 界面，如图 10 – 33 所示。

图 10 – 33　PROGRAM 界面

（2）单击 Controller Map 工具栏，如图 10 – 34 所示。

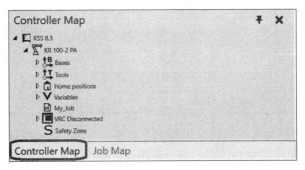

图 10 – 34　Controller Map 工具栏

（3）在"Controller Map"选项框内，打开"Bases"数据组，选择"BASE _ DATA［1］"工具数据，如图 10 – 35 所示。

图 10 – 35　选择"BASE_DATA［1］"工具数据

（4）在 PROGRAM 界面内，单击"Snap"图标按钮，如图 10 – 36 所示。

图 10 – 36　单击"Snap"图标按钮

（5）单击软件窗口右侧的"Base Snap"按钮，确认"Base Snap"的参数设置与图 10 – 37 所列一致。

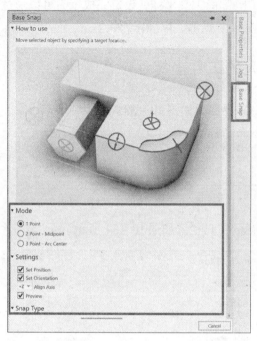

图 10 - 37 "Base Snap" 的参数设置

(6) 将 3D 世界的界面移动到码垛板的上方, 将光标移至码垛板的左上角, 如图 10 - 38 左下图所示, 确认无误后单击, 将当前位置作为 "BASE_DATA [1]" 的工具坐标中心, 如图 10 - 38 右下图所示。

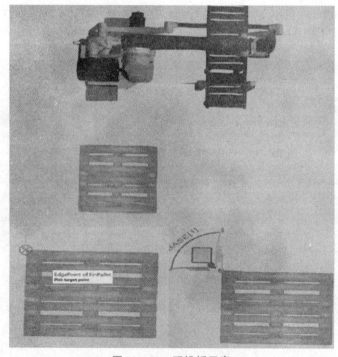

图 10 - 38　码垛板示意

（7）单击软件窗口右侧的"Base Properties"按钮，将"Base Properties"属性框内 A 的值修改为 -90，如图 10 -39 所示。

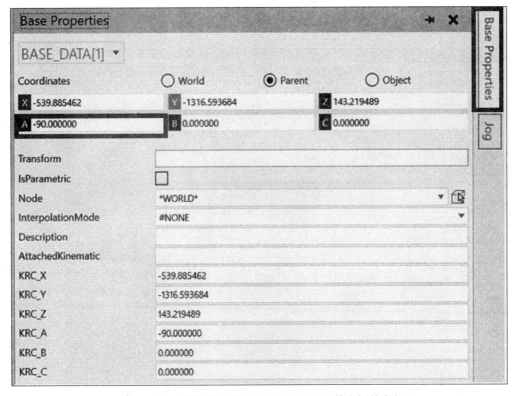

图 10 -39　修改"BASE_DATA［1］"工件坐标的方向

（8）如图 10 -40 所示，就是需要的工件坐标"BASE_DATA［1］"的位置了。

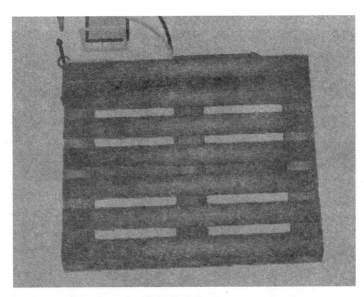

图 10 -40　"BASE_DATA［1］"工件坐标位置

任务3 设定上料机的物料模型

（1）切换至 HOME 界面，单击"Select"图标按钮，如图 10-41 所示。

图 10-41 单击"Select"图标按钮

（2）选择上料机，如图 10-42 所示。

图 10-42 选择上料机

（3）单击软件窗口右侧的"Component Properties"按钮，在"Component Properties"属性框内，单击"ComponentCreator"按钮，将"Interval"参数修改为 10，将"Part"的路径选择为"C：\Users\15501\Desktop\书\工业机器人仿真与离线编程\KUKA\项目 10\BOX. vcmx"，如图 10-43 所示。

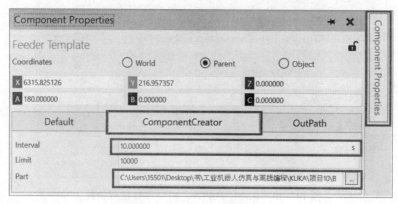

图 10-43 修改上料机参数

任务 4 连接上料机和输送线

（1）在 HOME 界面，单击"Select"图标按钮后，选中"Interfaces"复选框，如图 10-44 所示。

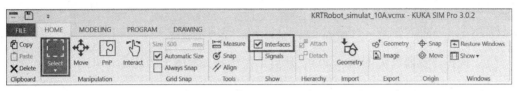

图 10-44 选中"Interfaces"复选框

（2）单击上料机（见图 10-45），然后单击第一条输送线上的箭头（见图 10-46）。

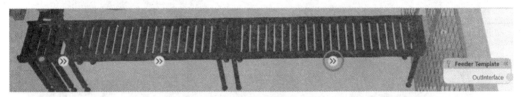

图 10-45 单击上料机

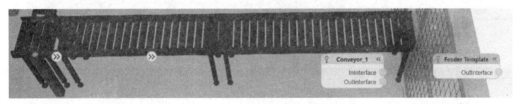

图 10-46 打开连接属性框

（3）单击上料机的"OutInterface"后的连接圈不松，将鼠标移动到输送线的"InInterface"的连接圈上松开，如图 10-47 所示。

图 10-47 属性连接

设置工作站的信号

任务 5 传感器输出连接至机器人 I/O 信息

（1）在 HOME 界面，单击"Select"图标按钮后，选中"Signals"复选框，如图 10-48 所示。

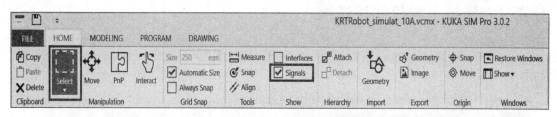

图 10 - 48　选中"Signals"复选框

（2）选择传感器（见图 10 - 49），然后单击机器人本体上的箭头（见图 10 - 50）。

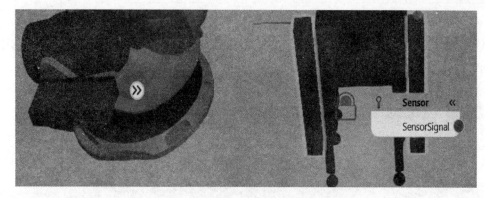

图 10 - 49　选择传感器

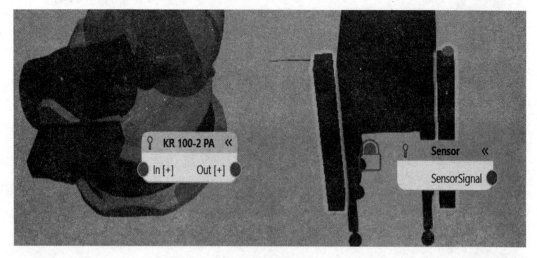

图 10 - 50　打开连接属性框

（3）单击传感器的"SensorSignal"后面的连接圈不松手，将光标移动到机器人的"In［＋］"的连接圈松开，如图 10 - 51 所示。

（4）单击"0：In"后的修改键（见图 10 - 52），将 Change for Signal 参数修改为"100：In"后单击"Change"按钮（见图 10 - 53）。

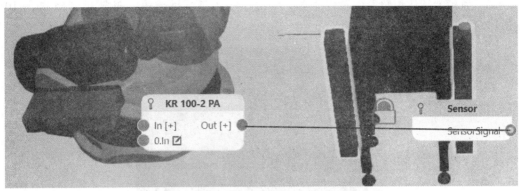

图 10 – 51　属性连接

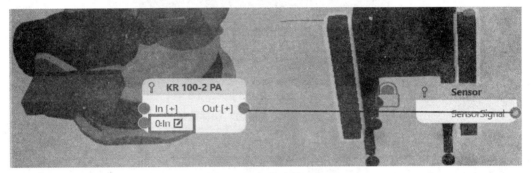

图 10 – 52　单击修改键

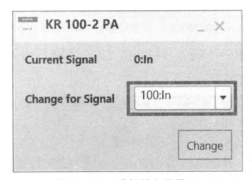

图 10 – 53　选择输入信号口

任务 6　编写程序和示教机器人点位

1. 示教编程 GrabBox 程序

（1）单击"播放"图标按钮，如图 10 – 54 所示。

图 10 – 54　单击"播放"图标按钮

（2）当箱子到达传感器位置停下时，单击"停止"图标按钮，如图 10 – 55 和图 10 – 56 所示。

图 10 – 55　箱子到达传感器位置

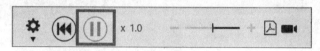

图 10 – 56　单击"停止"图标按钮

（3）单击"Jog"图标按钮，如图 10 – 57 所示。

图 10 – 57　单击"Jog"图标按钮

（4）单击软件窗口右侧的"Jog"按钮，在"Jog"面板内将 Tool 的参数修改为"TOOL_DATA［1］"，如图 10 – 58 所示。

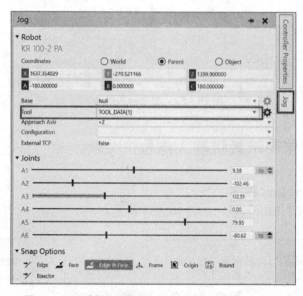

图 10 – 58　选择工具坐标为"TOOL_DATA［1］"

（5）示教机器人等候抓取点。

①单击"Snap"图标按钮，如图 10 - 59 所示。

图 10 - 59 单击"Snap"图标按钮

②将光标移至箱子的中心位置，如图 10 - 60 左图所示，确认无误后单击，如图 10 - 60 右图所示。

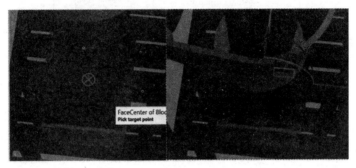

图 10 - 60 捕捉箱子中心点位

③单击软件窗口右侧的"Jog"按钮，在"Jog"面板内将 Z 的数据修改为 1 100 后，按回车键，如图 10 - 61 所示。

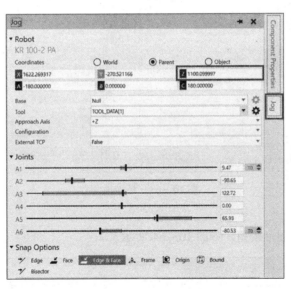

图 10 - 61 修改 Z 的值

④在 Job Map 工具栏中，选择"SUB GrabBox"程序名，并单击"Add PTP command"图标按钮，如图 10 - 62 所示。

⑤将 PTP P1 指令拖至"WAIT FOR $IN［100］ == TRUE"上方，如图 10 - 63 所示。

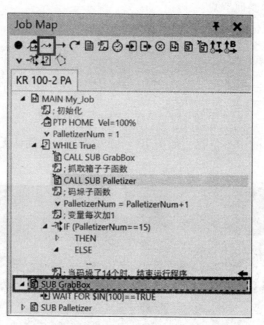

图 10 - 62　添加 PTP 运动指令

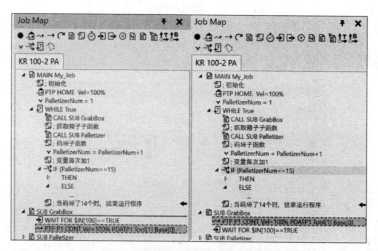

图 10 - 63　移动指令

（6）示教抓取点。

①单击"Snap"图标按钮，如图 10 - 64 所示。

图 10 - 64　单击"Snap"图标按钮

②将光标移至箱子的中心，如图 10 - 65 左图所示，确认无误后单击，如图 10 - 65 右图所示。

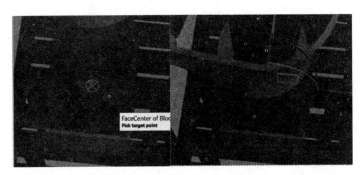

图 10 – 65　捕捉箱子中心点位

③选择"WAIT FOR $IN［100］==TRUE"后，单击 Add LIN command 图标按钮，如图 10 – 66 所示。

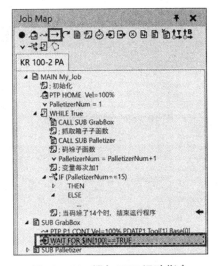

图 10 – 66　添加 LIN 运动指令

④单击 LIN P2 指令，如图 10 – 67 所示。

图 10 – 67　单击 LIN P2 指令

⑤单击软件窗口右侧的"Statement Properties"按钮，如图 10 – 68 所示，在"Statement Properties"属性框内将"Continuous"的参数修改为"无"。

（7）添加控制工具吸气的输出信号。

选择 LIN P2 指令后，单击"Add $OUT command"图标按钮，如图 10 – 69 所示。

（8）添加回到 HOME 指令。

①选择"OUT '100' State = TRUE"后，单击"Add PTPHOME command"图标按钮，如图 10 – 70 所示。

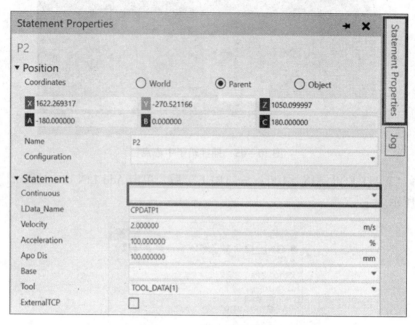

图 10 - 68   修改拐弯系数

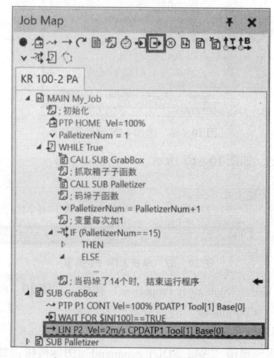

图 10 - 69   添加输出信号

图 10 - 70　添加回 HOME 点指令

2. 示教编写 Palletizer 程序

本程序主要是设置箱子摆放点位, 如图 10 - 71 所示, 共有 14 个点位。每个点位的数据可查看表 10 - 12。

图 10 - 71　码垛完成效果

每个摆放位置程序都是由两个点位组成的, 分别是 A (摆放位置上方点位) 和 B (摆放位置点位), 如图 10 - 72 所示。

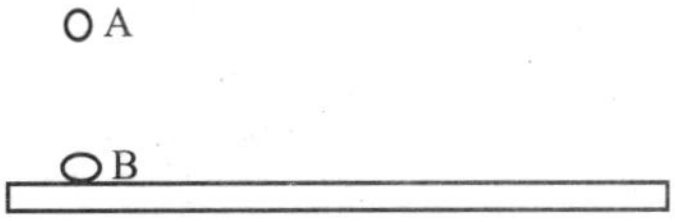

O A

O B

图 10 - 72　摆放点位分析

表 10-12　摆放点位数据

位置	X	Y	Z	A	B	C
1 号 A	220	150	450	0	0	180
1 号 B	220	150	200	0	0	180
2 号 A	220	450	450	0	0	180
2 号 B	220	450	200	0	0	180
3 号 A	220	750	450	0	0	180
3 号 B	220	750	200	0	0	180
4 号 A	220	1050	450	0	0	180
4 号 B	220	1050	200	0	0	180
5 号 A	490	120	450	90	0	180
5 号 B	490	120	200	90	0	180
6 号 A	490	360	450	90	0	180
6 号 B	490	360	200	90	0	180
7 号 A	490	600	450	90	0	180
7 号 B	490	600	200	90	0	180
8 号 A	490	840	450	90	0	180
8 号 B	490	840	200	90	0	180
9 号 A	490	1080	450	90	0	180
9 号 B	490	1080	200	90	0	180
10 号 A	790	120	450	90	0	180
10 号 B	790	120	200	90	0	180
11 号 A	790	360	450	90	0	180
11 号 B	790	360	200	90	0	180
12 号 A	790	600	450	90	0	180
12 号 B	790	600	200	90	0	180
13 号 A	790	840	450	90	0	180
13 号 B	790	840	200	90	0	180
14 号 A	790	1080	450	90	0	180
14 号 B	790	1080	200	90	0	180

而程序的结构则由以下四步组成。

①摆放位置上方点位 A。

②摆放位置点位 B。

③松开工具吸气。

④回到摆放位置上方点位 A。

注意：箱子的尺寸为 300 mm×240 mm×200 mm。

（1）单击"播放"图标按钮，如图 10 - 73 所示。

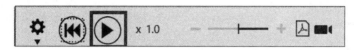

图 10 - 73　单击"播放"图标按钮

（2）当抓取到箱子回到 HOME 点时，单击"停止"图标按钮，如图 10 - 74 和图 10 - 75 所示。

图 10 - 74　箱子到达 220 传感器位置

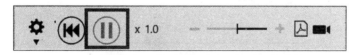

图 10 - 75　单击"停止"图标按钮

（3）单击"Jog"图标按钮，如图 10 - 76 所示。

图 10 - 76　单击"Jog"图标按钮

（4）单击软件窗口右侧的"Jog"按钮，在"Jog"面板内将"Tool"的参数修改为"TOOL_DATA［1］"，将"Base"的参数修改为"BASE_DATA［1］"，如图 10 - 77 所示。

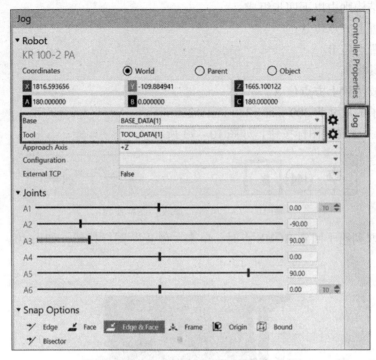

图 10 - 77 修改 "Tool" 和 "Base" 参数

（5）根据表 10 - 12 内的数据，将 1 号 A 的数据输入 "Jog" 面板内，如图 10 - 78、图 10 - 79 所示。

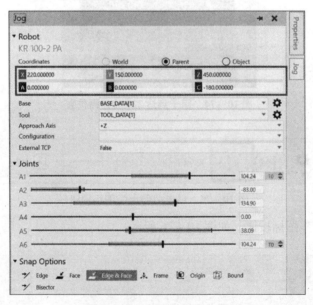

图 10 - 78 修改机器人位置

（6）在 "SUB Palletizer" 程序内，打开 "IF（PalletizerNum == 1）" 后，打开 "THEN"。单击 "Add PTP command" 图标按钮，如图 10 - 80 所示。

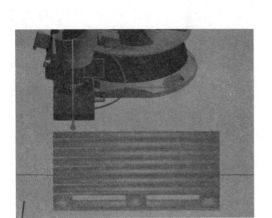

图 10 – 79　修改后的机器人位置

图 10 – 80　添加 PTP 运动指令

（7）根据表 10 – 12 内的数据，将 1 号 B 的数据输入 "Jog" 面板内，如图 10 – 81 和图 10 – 82 所示。

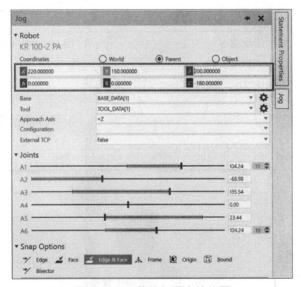

图 10 – 81　修改机器人的位置

图 10 – 82　修改后的机器人位置

（8）单击"Add LIN command"图标按钮，如图10 - 83所示。

（9）单击"Add \$OUT command"图标按钮，如图10 - 84所示。

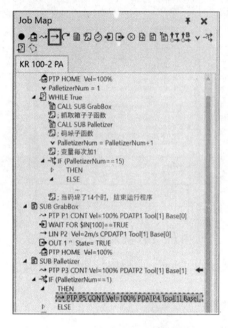 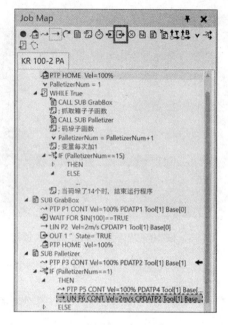

图10 - 83　添加LIN运动指令　　　　　图10 - 84　添加输出指令

（10）单击软件窗口右侧的"Statement Properties"按钮，在"Jog"面板内将"State"的参数修改为"False"，如图10 - 85所示。

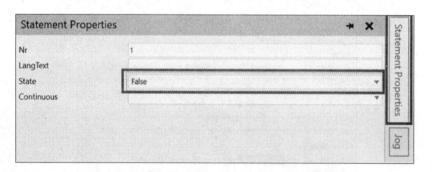

图10 - 85　修改输出状态

（11）根据表10 - 12内的数据，将1号A的数据输入"Jog"面板内，如图10 - 86所示。

（12）单击"Add LIN command"图标按钮，如图10 - 87所示。

（13）摆放点位1的完成程序，如图10 - 88所示。

（14）根据表10 - 12，将摆放点位2～14号的程序编写完成。

3. 仿真运行

当所有程序编写完后，可以单击"播放"图标按钮，来看看编写的程序是否有问题，如图10 - 89所示。

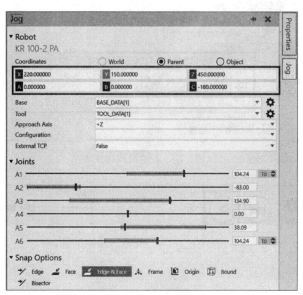

图 10 - 86　修改机器人位置

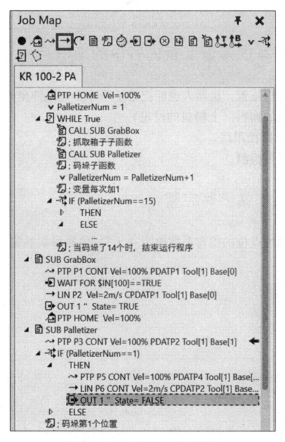

图 10 - 87　添加 LIN 运动指令

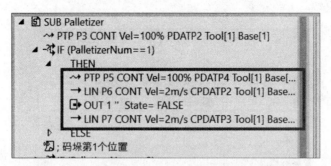

图 10 - 88　1 号摆放点程序

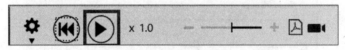

图 10 - 89　单击"播放"图标按钮

10.5　考 核 评 价

考核任务 1　熟练掌握知识准备内容中的知识点

　　要求：①移动码垛板位置，机器人也能把箱子码垛好（工件坐标的设定）。

　　　　　②更换输送的物料（上料机的设定）。

　　　　　③增加 TCP 路径跟踪。

　　　　　④加入防碰撞检测。

考核任务 2　将工作站编写完整

　　要求：将决定精确的点位的拐弯系数改为"无"，将码垛层数编写为 3 层。

项目 11

KUKA Sim Pro 软件带导轨和变位机的 机器人系统创建与应用

11.1 项目描述

本项目介绍了在 KUKA Sim Pro 3.0 内如何将外轴设备与机器人连接和外轴的控制方法，并带领大家一步步地完成两个具有外轴的机器人系统的典型任务。

11.2 教学目的

通过本项目的学习，可以掌握 KUKA Sim Pro 添加外部轴、外部轴与机器人连接、具有外部轴的机器人系统的使用等相关知识。

11.3 知识准备

11.3.1 KUKA 外部轴与机器人系统连接

1. 将变位机系统连接至机器人系统

（1）图 11-1 所示为加载变位机的机器人系统。

（2）选中"Interfaces"复选框，显示可连接外接通信信号，如图 11-2 所示。

（3）将机器人外接通信信号连接到变位机外接通信信号，如图 11-3 所示。

2. 将导轨系统连接至机器人系统

（1）图 11-4 所示为加载导轨的机器人系统。

（2）选择 PnP 移动，将机器人往导轨安装座附近拖就会出现一个箭头，如图 11-5 所示。

（3）将机器人往箭头方向拖，当与图 11-6 相同时，则安装成功。

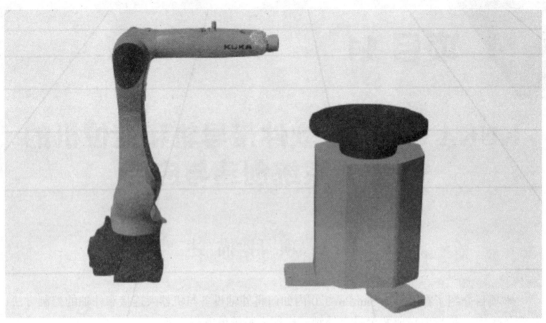

图 11 – 1　加载变位机的工作站

图 11 – 2　选中"Interfaces"复选框

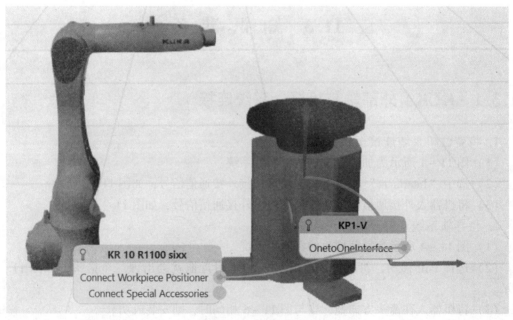

图 11 – 3　连接信号

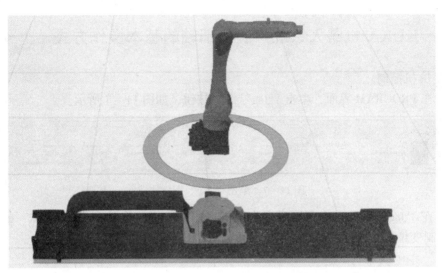

图 11 - 4　加载导轨的工作站

图 11 - 5　安装过程

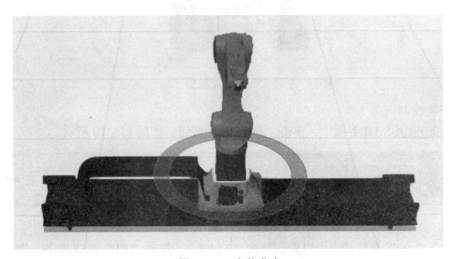

图 11 - 6　安装成功

11.3.2 KUKA 机器人系统扩展外部轴的基本操作方式

1. 变位机控制

（1）在 PROGRAM 界面，单击"Jog"图标按钮，如图 11 – 7 所示。

图 11 – 7　单击"Jog"图标按钮

（2）在"Jog"属性栏内可以看到变位机"KP1 – V"，拖动"Link1Servo"的进度条，则可以控制变位机，变位机的数据值则显示在旁边，如图 11 – 8 所示。

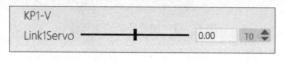

图 11 – 8　变位机控制（1）

（3）还可以拖动变位机可以转动的轴，但是变位机轴的数据值没有显示，如图 11 – 9 所示。

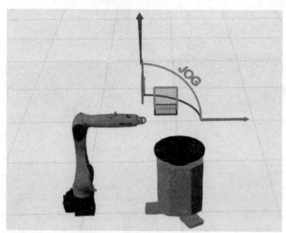

图 11 – 9　变位机控制（2）

2. 导轨控制

（1）在 PROGRAM 界面中，单击"Jog"图标按钮，如图 11 – 10 所示。

图 11 – 10　单击"Jog"图标按钮

（2）在"Jog"属性栏内可以看到导轨"KL100"，拖动"E1"的进度条，则可以控制导轨。导轨的数据值则显示在旁边，如图 11 – 11 所示。

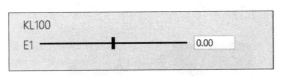

图 11 – 11　导轨控制（1）

（3）还可以拖动导轨安装座来移动导轨，但是导轨的数据值没有显示，如图 11 – 12 所示。

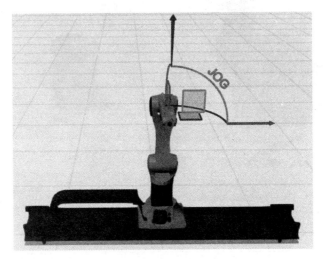

图 11 – 12　导轨控制（2）

建立一个具有变位
机的机器人系统

11.4　任　务　实　现

任务 1　在 KUKA 软件中创建带变位机的机器人系统

1. 导入带变位机的机器人系统

（1）首先打开 KRTRobot_simuBlat_11A 工作站，如图 11 – 13 所示（工作站保存路径：工业机器人仿真与离线编程/KUKA/项目 11/任务 1、2）。

（2）工作站布局介绍。

①KR 120 R2700 extra HA 机器人本体。

②KP1 – V 变位机。

③RA 500 OG 焊枪。

④焊接工件。

2. 安装机器人工具

（1）在 HOME 界面，单击 "Select" 图标按钮，如图 11 – 14 所示。

（2）单击 3D 世界内的 RA 500 OG 焊枪，如图 11 – 15 所示。

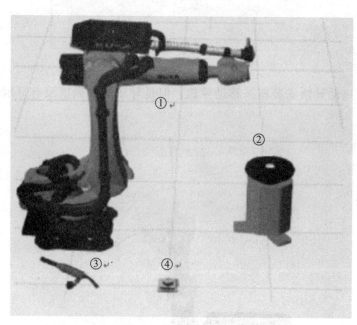

图 11 – 13　KRTRobot_simuBlat_11A 工作站布局

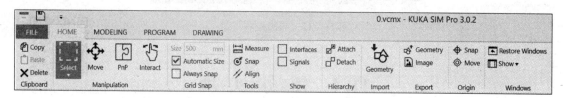

图 11 – 14　单击"Select"图标按钮

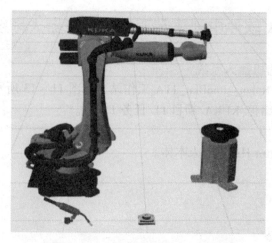

图 11 – 15　单击 RA 500 OG 焊枪

（3）在 HOME 界面，单击 "Snap" 图标按钮，并设置其参数，如图 11 – 16 所示。

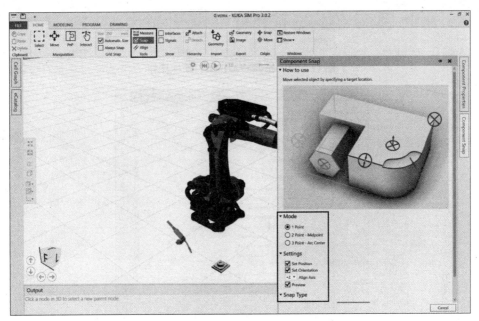

图 11 – 16　设定移动工具参数

（4）将光标移到机器人法兰中心，确认无误后单击（见图 11 – 17 左图），确认工具移到法兰中心（见图 11 – 17 右图）。

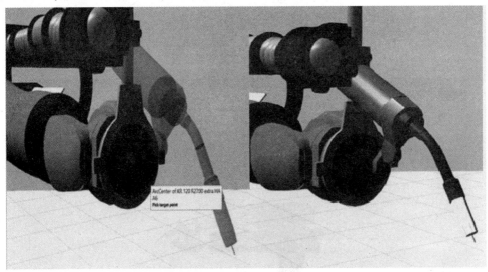

图 11 – 17　工具移动到法兰中心

（5）在 HOME 界面，单击 "Attach" 图标按钮，如图 11 – 18 所示。

（6）在 Attach 属性框内，单击 "Node" 下拉按钮，选择下拉列表框中的 "KR 120 R2700 extra HA：A6" 选项。这样工具就安装到机器人的法兰上了，如图 11 – 19 所示。

（7）在 HOME 界面，单击 "Interact" 图标按钮。拖动机器人的关节，测试一下工具是否安装至机器人法兰上。若安装未成功，可仔细核查操作流程，如图 11 – 20 所示。

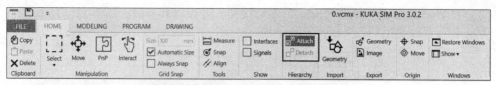

图 11-18 选择"Attach"图标按钮

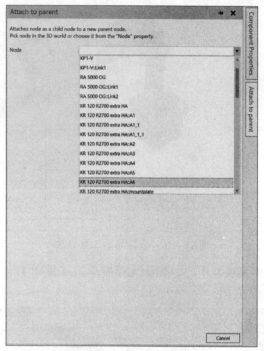

图 11-19 选择工具安装位置

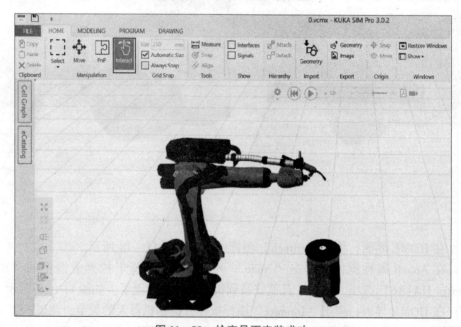

图 11-20 检查是否安装成功

3. 安装变位机上的工件

（1）在 HOME 界面，单击"Select"图标按钮，如图 11 – 21 所示。

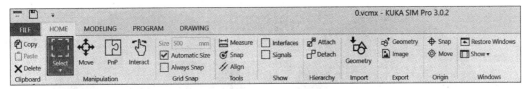

图 11 – 21　单击"Select"图标按钮

（2）单击 3D 世界内的工件，如图 11 – 22 所示。

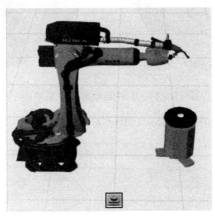

图 11 – 22　单击工件

（3）在 HOME 界面，单击"Snap"图标按钮，并设置其参数，如图 11 – 23 所示。

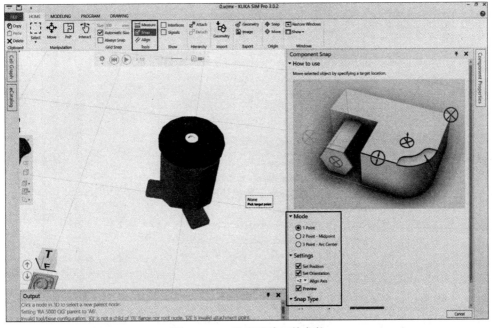

图 11 – 23　设定移动工件参数

（4）将光标移到变位机中心，确认无误时单击（见图11-24左图），确认工件移到变位机中心（见图11-24右图）。

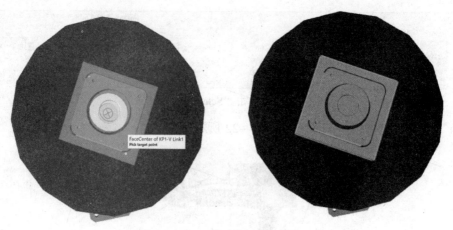

图11-24　工件移动到变位机中心

（5）在 HOME 界面，单击"Attach"图标按钮，如图11-25所示。

图11-25　单击"Attach"图标按钮

（6）在 Attach 属性框内，单击"Node"下拉按钮，选择下拉列表框中的"KP1-V::Link1"选项。这样工具就安装到机器人的法兰上了，如图11-26所示。

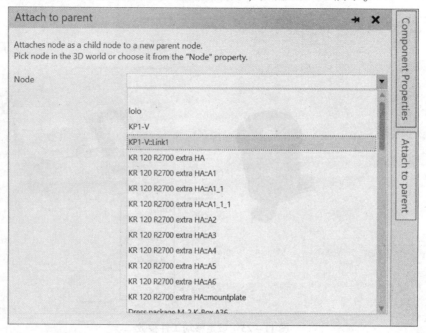

图11-26　选择工具安装位置

（7）在 HOME 界面，单击"Interact"图标按钮。拖动变位机的关节轴 1，测试一下工件是否安装至变位机的关节轴 1 上。若未安装成功，可仔细核查操作流程，如图 11 – 27 所示。

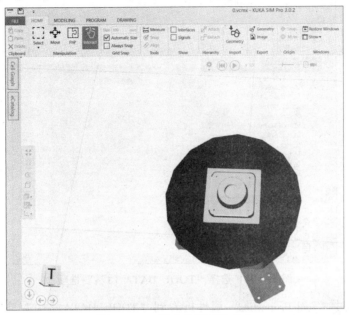

图 11 – 27　检查是否安装成功

任务 2　创建带变位机的机器人系统项目并仿真运行

1. 任务布置

下面将对工件进行模拟焊接，将 A 物件与 B 物件焊接在一起，如图 11 – 28 所示。

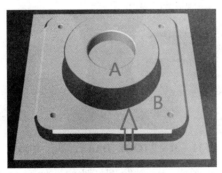

图 11 – 28　工件标注

2. 设置焊枪的工具坐标

（1）进入 PROGRAM 界面，如图 11 – 29 所示。

图 11 – 29　PROGRAM 界面

（2）在"Controller Map"属性框内，打开"Tools"数据组，选择"TOOL＿DATA
[1]:"选项，如图 11 － 30 所示。

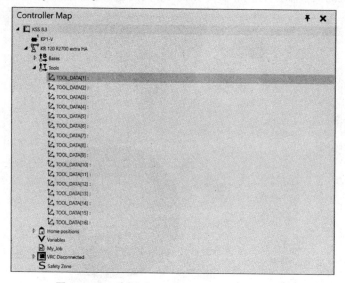

图 11 － 30　选择"TOOL_DATA [1]:"选项

（3）可以通过"Tool Properties"属性框看到"TOOL_DATA [1]"当前的数据，如图
11 － 31 所示。

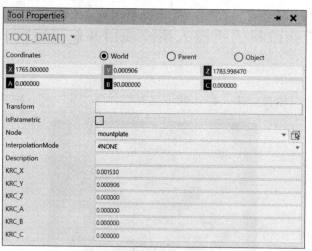

图 11 － 31　"TOOL_DATA [1]"的数据

（4）在 PROGRAM 界面，单击"Snap"图标按钮，如图 11 － 32 所示。

图 11 － 32　单击"Snap"图标按钮

（5）将光标移动到焊丝尽头的位置，确认无误后单击，确认将当前位置作为工具坐标
位置，如图 11 － 33 所示。

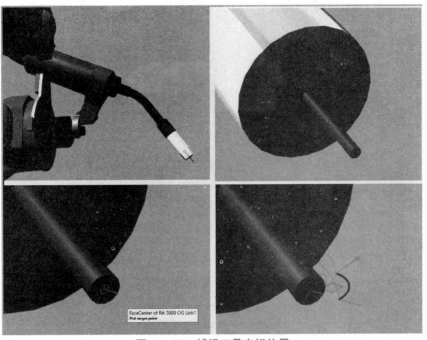

图 11 - 33　捕捉工具坐标位置

（6）查看"Tool Properties"属性框，以确认"TOOL_DATA［1］"无误。

3. 设定机器人点位

（1）在 PROGRAM 界面，单击"Jog"图标按钮，如图 11 - 34 所示。

图 11 - 34　单击"Jog"图标按钮

（2）在 3D 世界内，选择机器人本体，如图 11 - 35 所示。

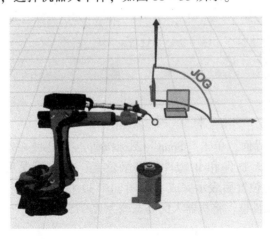

图 11 - 35　选择机器人

（3）在"Jog"属性框内，将"Tool"改为"TOOL_DATA［1］"、"Approach Axis"方向选为"+Z"，如图11-36所示。

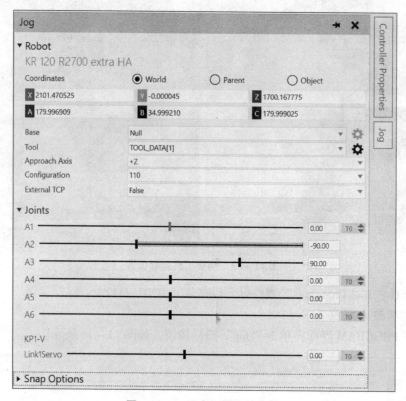

图11-36　设定机器人的参数

（4）在"Job Map"框内，单击"Add PTPHOME command"图标按钮，示教当前位置为 HOME 点，如图11-37所示。

图11-37　示教 HOME 点

（5）在 PROGRAM 界面，单击"Snap"图标按钮，如图11-38所示。

（6）将光标移动到 A 物件和 B 物件的接触位置，确认无误后单击（见图11-39左图），确认移动达到当前位置后表示完成（见图11-39右图）。

（7）打开"Jog"属性框，将机器人的姿态改为 A：150，B：-12，C：140，如图11-40所示。

（8）可以看到机器人修改完姿态的样子，并记录当前机器人位置（见表11-1）。注意只有焊丝能碰到工件，焊枪是绝对不行的，如图11-41所示。

图 11 - 38　单击 "Snap" 图标按钮

图 11 - 39　捕捉位置移动机器人

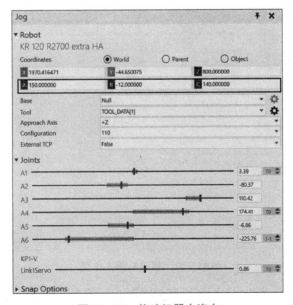

图 11 - 40　修改机器人姿态

图 11 –41 修改姿态后的机器人位置

表 11 – 1 坐标参数说明

X	Y	Z	A	B	C
1970. 41671	– 44. 650075	800. 000000	150. 000000	– 12. 000000	140. 000000

(9) 在"Jog"属性框内, 将机器人的位置修改为 X: 1970, Y: – 79, Z: 860, 如图 11 –42 所示。

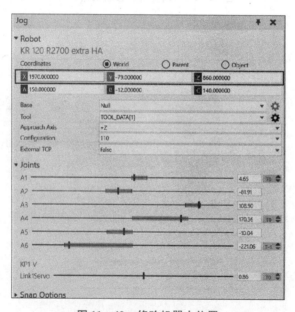

图 11 –42 修改机器人位置

(10) 在"Job Map"框内, 单击"Add PTP command"图标按钮示教当前位置为 P1 点, 如图 11 –43 所示。

图 11 – 43 示教 P1

（11）在"Jog"属性框内，根据表 11 – 1 所列的数据，修改机器人位置数据，如图 11 – 44 所示。

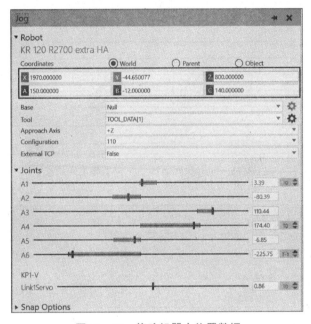

图 11 – 44 修改机器人位置数据

（12）在"Job Map"框内，单击"Add LIN command"图标按钮，示教当前位置为 P2 点，如图 11 – 45 所示。

图 11 – 45 示教 P2

（13）在"Jog"属性框内，将 KP1 – V 的关节轴 1 设为 – 180°（注意：机器人当前应在 P2 位置），如图 11 – 46 所示。

（14）在"Job Map"框内，单击"Add PTP command"图标按钮，示教当前位置为 P3 点，如图 11 – 47 所示。

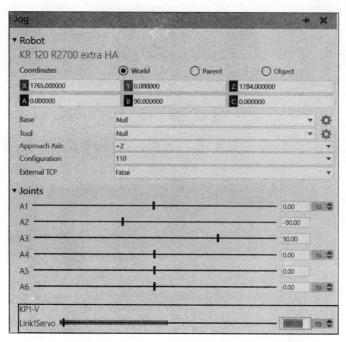

图 11 - 46　设定 KP1 - V 关节轴 1 角度

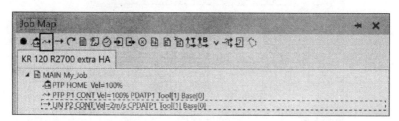

图 11 - 47　示教 P3

（15）在"Job Map"框内，选择 PTP P1 这条指令，让机器人回到 P1 点位置，如图 11 - 48 所示。

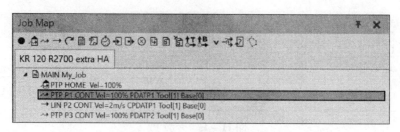

图 11 - 48　回到 P1 点位置

（16）在"Jog"属性框内，将 KP1 - V 的关节轴 1 设为 - 180°（注意：机器人当前应在 P2 位置），如图 11 - 49 所示。

（17）在"Job Map"框内，单击"Add LIN command"图标按钮，示教当前位置为 P4 点，如图 11 - 50 所示。

图 11 -49　设定 KP1 - V 关节轴 1 角度

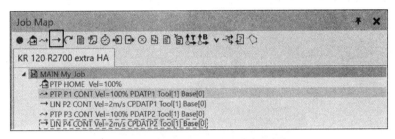

图 11 -50　示教 P4

（18）在"Job Map"框内，选择 PTP HOME 这条指令，让机器人回到 HOME 点位置，如图 11 -51 所示。

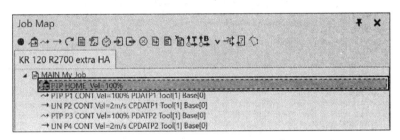

图 11 -51　机器人回到 HOME 点

（19）在"Job Map"框内，首先单击"MAIN My Job"图标按钮，然后单击"Add PTP command"图标按钮，如图 11 -52 所示。

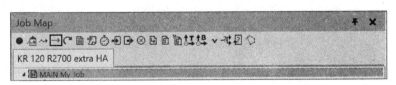

图 11 -52　示教 HOME 点

4. 仿真运行

确认点位没有遗漏后，单击"播放"图标按钮，就可以看到机器人运行了，如图 11 - 53 所示。

图 11 -53　单击"播放"图标按钮

任务3　在 KUKA 软件中创建带导轨的机器人系统

1. 导入带导轨的机器人系统

（1）首先打开 KRTRobot_simuBlat_11A1 工作站，如图 11 – 54 所示（工作站保存路径：工业机器人仿真与离线编程/KUKA/项目 11/任务 3、4）。

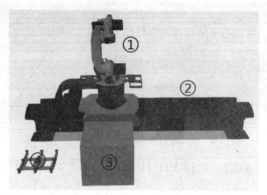

KUKA Sim Pro
软件建立一个具有
导轨的工作站

图 11 –54　KRTRobot_simuBlat_11A1 工作站布局

（2）工作站布局介绍。

①KR 16 EX – 2 机器人本体。

②KL 1000 – 2 导轨。

③Gripper 工具。

④搬运工件。

2. 安装机器人工具

（1）在 HOME 界面，单击"Select"图标按钮，如图 11 –55 所示。

图 11 –55　单击"Select"图标按钮

（2）在 3D 世界内，选择 Gripper 工具，如图 11 –56 所示。

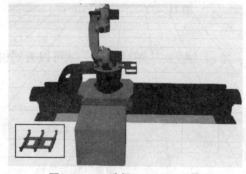

图 11 –56　选择 Gripper 工具

（3）在 HOME 界面，单击"Snap"图标按钮，并设置其参数，如图 11 – 57 所示。

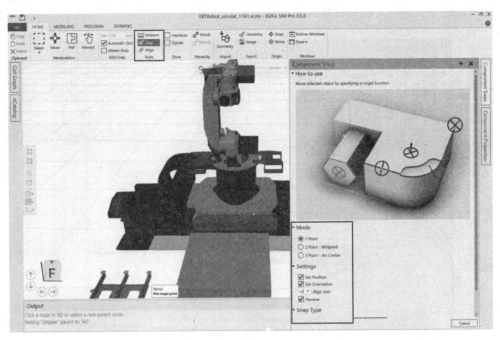

图 11 – 57　设定移动工具参数

（4）将光标移到机器人法兰中心，确认无误后单击（见图 11 – 58 左图），确认工具移到法兰中心（见图 11 – 58 右图）。

图 11 – 58　工具移动到法兰中心

（5）在 HOME 界面，单击"Attach"图标按钮，如图 11 – 59 所示。

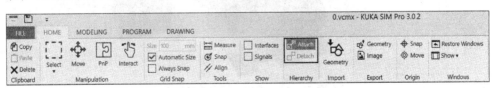

图 11 – 59　单击"Attach"图标按钮

（6）在 Attach 属性框内，单击"Node"下拉按钮，选择下拉列表框中的"KR 16 EX∷A6"选项。这样工具就安装到机器人的法兰上了，如图 11-60 所示。

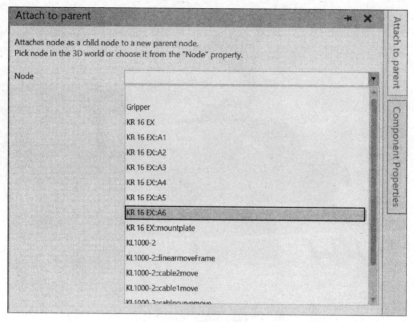

图 11-60　选择工具安装位置

（7）在 HOME 界面，单击"Interact"图标按钮。拖动机器人的关节，测试一下工具是否安装至机器人法兰上。若未安装成功，可仔细核查操作流程，如图 11-61 所示。

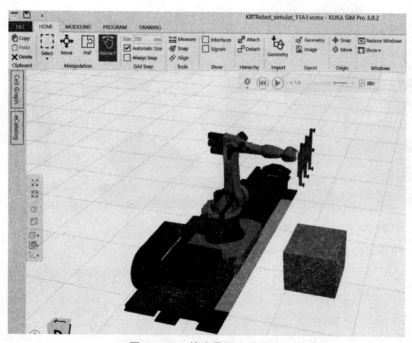

图 11-61　检查是否安装成功

任务 4 创建带导轨的机器人系统项目并仿真运行

1. 任务布置

将工件从当前位置搬运到 B 位置，如图 11 – 62 所示。

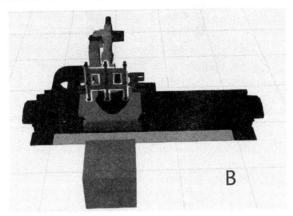

KUKA Sim Pro
软件生成工作站
运行视频

图 11 – 62 任务分析

2. 设置 Gripper 的工具坐标

（1）进入 PROGRAM 界面，如图 11 – 63 所示。

图 11 – 63 PROGRAM 界面

（2）在"Controller Map"属性框内，打开"Tools"数据组，选择"TOOL_DATA［1］:"选项，如图 11 – 64 所示。

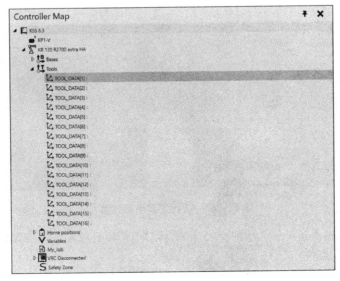

图 11 – 64 选择"TOOL_DATA［1］:"选项

（3）可以通过"Tool Properties"属性框看到"TOOL_DATA［1］"当前的数据，如图11-65所示。

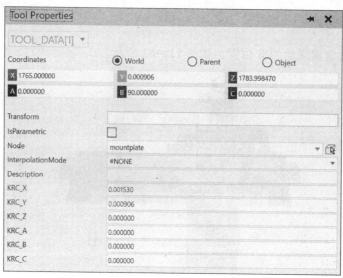

图11-65 "TOOL_DATA［1］"的数据

（4）在PROGRAM界面，单击"Snap"图标按钮，如图11-66所示。

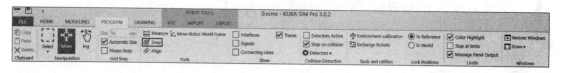

图11-66 单击"Snap"图标按钮

（5）将光标移动到焊丝尽头的位置，确认无误后单击（见图11-67左图），确认将当前位置作为工具坐标位置（见图11-67右图）。

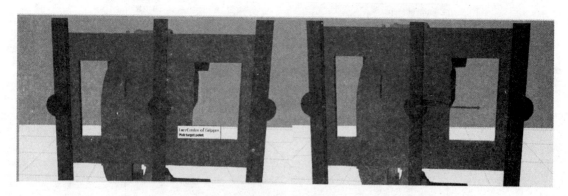

图11-67 捕捉工具坐标位置

（6）查看"Tool Properties"属性框，以确认"TOOL_DATA［1］"无误。

3. 设定机器人点位

（1）在PROGRAM界面，单击"Jog"图标按钮，如图11-68所示。

图 11-68　单击"Jog"图标按钮

（2）在 3D 世界内，单击机器人本体，如图 11-69 所示。

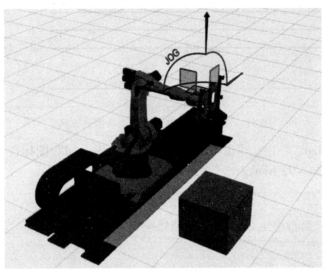

图 11-69　选择机器人

（3）在"Jog"属性框内，将"Tool"改为"TOOL_DATA［1］"、"Approach Axis"方向选为"+Z"，如图 11-70 所示。

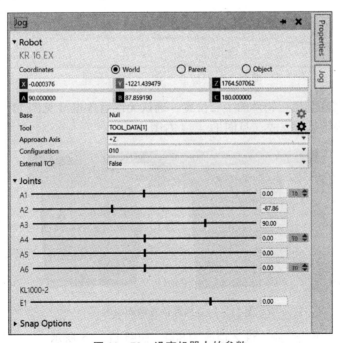

图 11-70　设定机器人的参数

（4）在"Jog"属性框内，将机器人的各关节轴的数据和导轨的数据，设置为与图11-71所示一致。

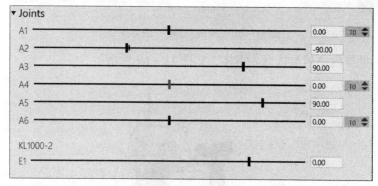

图11-71　设定机器人和变位机的轴数据

（5）在"Job Map"框内，单击"Add PTPHOME command"图标按钮，示教当前位置为HOME点，如图11-72所示。

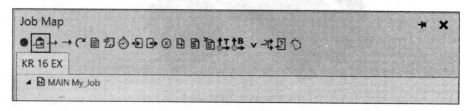

图11-72　示教HOME点

（6）在PROGRAM界面，单击"Snap"图标按钮，如图11-73所示。

图11-73　单击"Snap"图标按钮

（7）将光标移动到搬运物件的中心位置，确认无误后单击（见图11-74左图），确认移动达到当前位置后表示完成（见图11-74右图）。

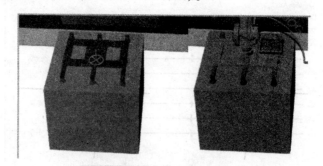

图11-74　捕捉位置移动机器人

（8）在"Jog"属性框内，将Z值改为800，如图11-75所示。

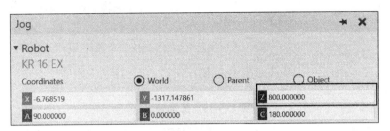

图 11 –75 修改 Z 值数据

（9）在"Job Map"框内，单击"Add PTP command"图标按钮，示教当前位置为 P1 点，如图 11 –76 所示。

图 11 –76 示教 P1 点

（10）在"Jog"属性框内，将 Z 值改为 600，如图 11 –77 所示。

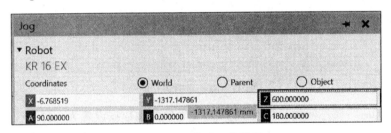

图 11 –77 修改 Z 值数据

（11）在"Job Map"框内，单击"Add LIN command"图标按钮，示教当前位置为 P2 点，如图 11 –78 所示。

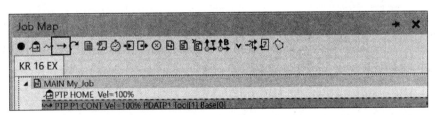

图 11 –78 示教 P2

（12）在"Job Map"框内，单击"Add ＄OUT command"图标按钮，添加输出控制，如图 11 –79 所示。

（13）在"Job Map"框内，单击 PTP P1 指令，让机器人移动到 P1 位置，如图 11 –80 所示。

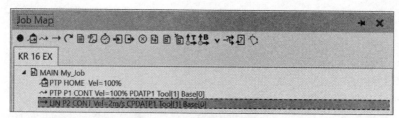

图 11-79 添加输出

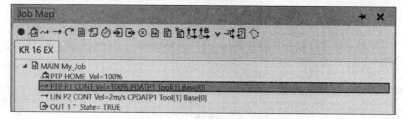

图 11-80 移动 P1 位置

（14）在"Job Map"框内，首先单击"MAIN My Job"，然后单击"Add LIN command"图标按钮，示教当前位置为 P3 点，如图 11-81 所示。

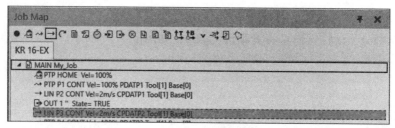

图 11-81 示教 P3 点

（15）在"Jog"属性框内，将 KL 1000-2 导轨的轴数据设置为-1700（注意：未移动 KL 1000-2 导轨的轴数据前，机器人应在 P3 位置），如图 11-82 所示。

图 11-82 设定 KL 1000-2 导轨的轴数据

（16）在"Job Map"框内，单击"Add PTP command"图标按钮，示教当前位置为 P4 点，如图 11-83 所示。

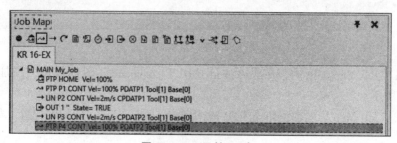

图 11-83 示教 P4 点

（17）在 "Jog" 属性框内，将 Z 值改为 600，如图 11 –84 所示。

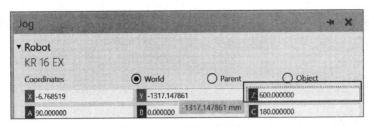

图 11 –84　修改 Z 值数据

（18）在 "Job Map" 框内，单击 "Add LIN command" 图标按钮，示教当前位置为 P5 点，如图 11 –85 所示。

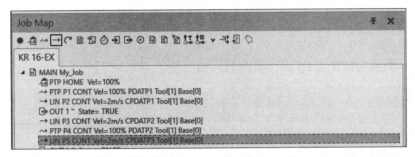

图 11 –85　示教 P5

（19）在 "Job Map" 框内，单击 "Add ＄OUT command" 图标按钮，添加输出控制，如图 11 –86 所示。

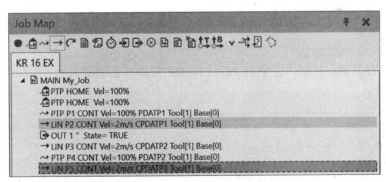

图 11 –86　添加输出

（20）在 "Statement Properties" 框内，将 "State" 的值改为 "False"，如图 11 –87 所示。

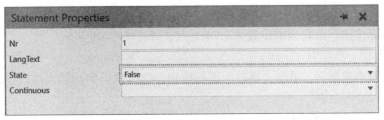

图 11 –87　选择 "State" 的值

（21）在"Job Map"框内，选择PTP P4，让机器人移动到P4位置，如图11-88所示。

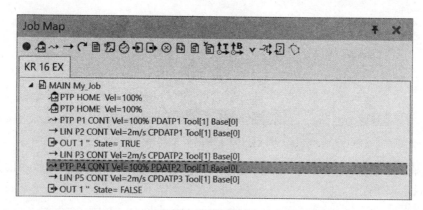

图11-88　回到P4点

（22）在"Job Map"框内，首先单击"MAIN My Job"，然后单击"Add LIN command"图标按钮，示教当前位置为P6点，如图11-89所示。

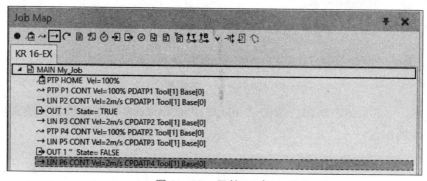

图11-89　示教P6点

（23）在"Job Map"框内，单击PTP PHOME指令，让机器人移动到HOME位置，如图11-90所示。

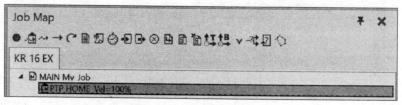

图11-90　回到HOME点

（24）在"Job Map"框内，首先单击"MAIN My Job"，然后单击"Add LPTPHOME command"图标按钮，示教当前位置为HOME点，如图11-91所示。

4. 仿真运行

确认点位没有遗漏后，单击"播放"图标按钮，就可以看到机器人运行了，如图11-92所示。

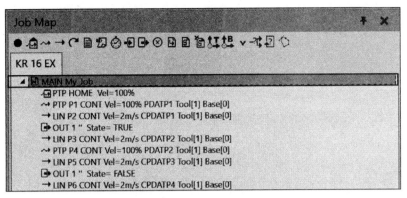

图 11-91　示教 HOME 点

图 11-92　单击"播放"图标按钮

11.5　考核评价

考核任务 1　熟练掌握机器人系统添加外部轴操作

要求：

（1）掌握变位机、导轨与机器人连接的方法。

（2）掌握具有变位机、导轨的机器人系统的使用。

考核任务 2　将本项目的两个任务完善

要求：

（1）将任务 2 中的工件的 B 物件与工件的底座进行焊接。

（2）将任务 4 中的路径设定得更复杂。